TAKU SATOH

佐藤卓

设计时重要的事

クジラは潮を吹いていた。

[日] 佐藤卓 著 蔡青雯 译

中信出版集团 | 北京

诚实的设计最打动人心

我留意佐藤卓的作品已是多年前的事情，但真正认识佐藤卓是在 2006 年国际平面设计师协会（AGI）日本年会的时候。那天应该是在京都，所有 AGI 会员都在一所和式榻榻米的宾馆内，聆听 10 位受邀会员的演讲，佐藤先生就是其中的一位演讲者。大家对他所介绍的乐天口香糖案例做出了比较强烈的反应，西方设计师对东方哲学及东方式的幽默有时真的摸不着头脑，我身旁的一位德国会员还问我：日本人真的会留意企鹅小小的变化吗？

这些看似微小的改动正反映了如今日本设计的主流变化，过度包装的时代已经过去了，令人眼前一亮、5 秒内征服眼球的设计也变得过时，夸张手法的使用也越来越少。喜欢冲浪的佐藤先生认为现代包装除了凸显产品的优点，更重要的是赋予产品生命及魅力。明快是任何好包装应有的基本元素，如今日本消费市场想要成功运用这种理念和风格，谈何容易！在日本有个市场名词——“千分一”，意思是在残酷的淘汰战中，1000 种商品里能够生存的只有 1 种，这不是日剧的情节，而是活生生的市场竞争！

好的设计不用太多花招，要重内涵，重细节，而且还要诚实地与消费者沟通。诚实，这个词用得很有意思！在中国今天的消费市场里，充满着令人不愉快的夸张手法和不诚实的现象，从产品、广告到营销，受害者不单是消费者，商品制造者最后也会声名狼藉。烟酒、茶叶、月饼等礼品包装更有架屋迭床的设计趋势，与简、美、诚的要求也渐行渐远，佐藤先生的《设计时重要的事》不单给中国设计师提供了一种新的设计思维，更重要的是给消费者一次当头棒喝！从一甲纯麦芽威士忌、明治牛奶到大家都熟识的乐天口香糖，从创作理念、设计过程到满足难搞的客户的经历，这本书既是丰富的知识宝库，也是令人回味的动人小品，我诚心推荐给每一位设计人。

李永铨（Tommy Li）

前言

以前我总觉得平面设计师这个职业可有可无。可是，最近我开始产生不同的想法。随着工作范围越来越广泛，我越来越能够正视这个职业的称谓了。什么都行的万事通令人难以相信。比如我总觉得在没有国别菜式限定的餐厅中，无法尝到真正美味的料理。万事通往往对自己非常宽容，进而纵容自己的工作。虽然这个世上或许存在着纵容有理的工作，但是我不想成为那样的设计师。

最近，我有幸参与了各式各样的工作。然而万事起头难——在广告工作的第一线，最初我全部精力都投注在牢记每件事情上，如牢记震撼力十足的照片、牢记意义深远的文字设计等。无论是海报、报纸广告、杂志广告和电车车厢内的广告，或只是将文字排列整齐、搭配已经耗尽心力的广告宣传单排版等，我都来者不拒，向左或向右微调文字的细节也都是亲力亲为。换言之，平面设计的基本功都是在广告制作的第一线磨炼而成的。在工作现场获得的一点一滴的经验，在体内构成了量尺，逐年刻画记录。这把量尺能够适用在任何地方，这把“设计的量尺”能够放诸四海皆准。因此，我才逐渐认同了这个职业，最近我终于能够毫不迟疑地介绍自己是平面设计师了。

天底下没有一蹴而就的工作，反而总是必须经由一再地讨论，才能向前推进。本书的重点在于我所参与过的工作，尤其是在决定设计方向时，自己印象深刻的部分。书中多是叙述日常理所当然之事，希望能够给各位读者提供在闲暇之余轻松阅读的乐趣。

佐藤卓

目录

PURE MALT
Black
PRODUCT OF NIKKA
ウイスキー 原材料モルト

经验的设计

—甲纯麦芽威士忌（1984 年）

这款威士忌，是我独自开设事务所之后接下的第一件委托案。我主动向客户提案，从营销、产品内容、容量、命名、包装、价格、宣传、广告等，直到产品上市发售，我都全程参与。商品容量为 500 毫升，以核心家庭为主要消费群体，为他们提供一款可以轻松饮用的酒品，即使是女性也能很方便地带在身上。价格仅是当时一张黑胶唱片的价钱——2500 日元。瓶身设计低调，能够随意摆放，很容易就能融入周围的环境里。喝完之后酒瓶还能另作他用，酒标则使用容易撕落的水性胶，不过包装上并未注明这些事项。软木塞是另外附赠的，所以玻璃酒瓶的瓶盖部分就不需要制成螺旋状。再加上设计并不刻意强调个性，所以能够自然引发酒瓶喝完之后再利用的“珍惜资源之心”。广告部分只是活用平面媒体，并未采用必须耗费庞大媒体费用的电视广告。如此一来，我们能够将预算集中在商品本身，才得以完成这款产品的包装。通常，一般人和商品的第一次接触始于视觉，感到有兴趣之后伸手取货，结账之后商品归为己有。拿回家中,开箱后拔出酒塞,倒入备好的酒杯之中，聆听冰块撞击酒杯的声响，再盖上酒塞。等到整瓶酒喝完之后，你可能发觉酒瓶似乎还有可用之处，于是保留备用。通过上述的情景模拟，我发现或许这是一种经验的设计，同时也是一种时间的享受，享受从第一眼发现这款酒之后的所有过程。这项委托案启发我开始思索设计究竟是什么。

PURE MALT
PURE MALT

小堆

一甲桶酿威士忌（1985 年）

这款威士忌的酒精浓度为 51.4 度，属于口感强烈的一款酒，是继纯麦芽威士忌上市发售之后的第二弹。口味浓烈的威士忌酒瓶应该设计成怎样的外形呢？我的答案是“小堆”。口味浓烈的食物少量呈现时，总是看起来特别美味；盐渍海鲜等口味浓烈的下酒菜因为盛放在小容器里，才显得尤其诱人。口味浓烈的料理不适合大量食用，所以要盛放在小容器中——这种画面不时出现在日常生活里，逐渐在人们的脑海里形成记忆；于是“口味浓烈的料理，盛放在小容器中，看起来很好吃”的味觉记忆就会自然而然地浮现在脑海里。饮食文化诞生于当地的地域和风俗文化，这种细腻的感受十分符合日本人的思维方式。浓烈口

NIKKA WHISKY
FROM
THE BARREL
alc 51.4°
ウイスキー特級
原材料 モルト・グレーン

NIKKA WHISKY
FROM
THE BARREL
alc 51.4°
ウイスキー特級
原材料 モルト・グレーン

味的料理，少量即可。换言之，小堆即可。于是，我依照这项隐喻，设计出颈部矮短的四角形酒瓶。相较于相同容量的圆柱酒瓶，从正面看四角形酒瓶会显得特别小。酒瓶盖高度极低，这种瓶盖通常使用在药瓶上，当时还从未用在酒瓶或香水瓶等其他瓶罐之中；瓶盖不印刷任何图文，保留铝的质感。在以往的量产商品中，这种前所未见的矮短酒瓶颈非常不方便倒酒。为了说服客户，我以日本酒的酒壶和酒杯解释说明，它们同样不方便倒酒，反而因此更能够牵动人和人之间的互动。销售初期，外箱正面还附上与包装大小相同的小册子，其中记录着这款威士忌的历史。这是一个让消费者的味觉和视觉同享美味的威士忌酒瓶设计。

质疑概念

蜜丝佛陀 fec. 系列化妆品（1986 年）

我的脑海中浮现着蜜丝佛陀所象征的好莱坞美好时期的印象，将散发温暖的椭圆外形与冷酷的铝材质合二为一，打造了这个主题化妆品系列。这项委托案使我摸索出在设计过程中可以使用音乐界早已采用的“采样”手法。如雷蒙 · 罗维（Raymond Loewy）的流线型设计、20 世纪 50 年代椭圆螺旋形后车灯，以及导演泰瑞 · 吉连（Terry Gilliam）的电影《巴西》呈现的今昔混淆的印象等。我把从杂志或其他地方剪下来的图片在桌上一字排开，然后从中挑出椭圆形，再尝试裹上银色的铝。电影《巴西》中所描绘的世界，给当时的我带来了难以比拟的冲击。于是，我假设这是电影中出现的口红，并以此着手设计。通

过在脑海中预设的方式，我确信能够打造出不同于以往的产品。同时，随着涂装技术的进步，日常环境当中有越来越多的涂料能够覆盖材料，所以这项委托案是我刻意坚持保留材料的开端。通过设计激发出材料拥有的潜力。质疑各种以往理所当然的概念。例如，为什么口红非得直立？为什么必须隐藏粉饼盒的蝶式铰链？通过不断质疑，探询合理的理由，剔除那些失去意义的概念。这项委托案进行的整个过程，与设计纯麦芽威士忌酒瓶是在同一时期开始的。

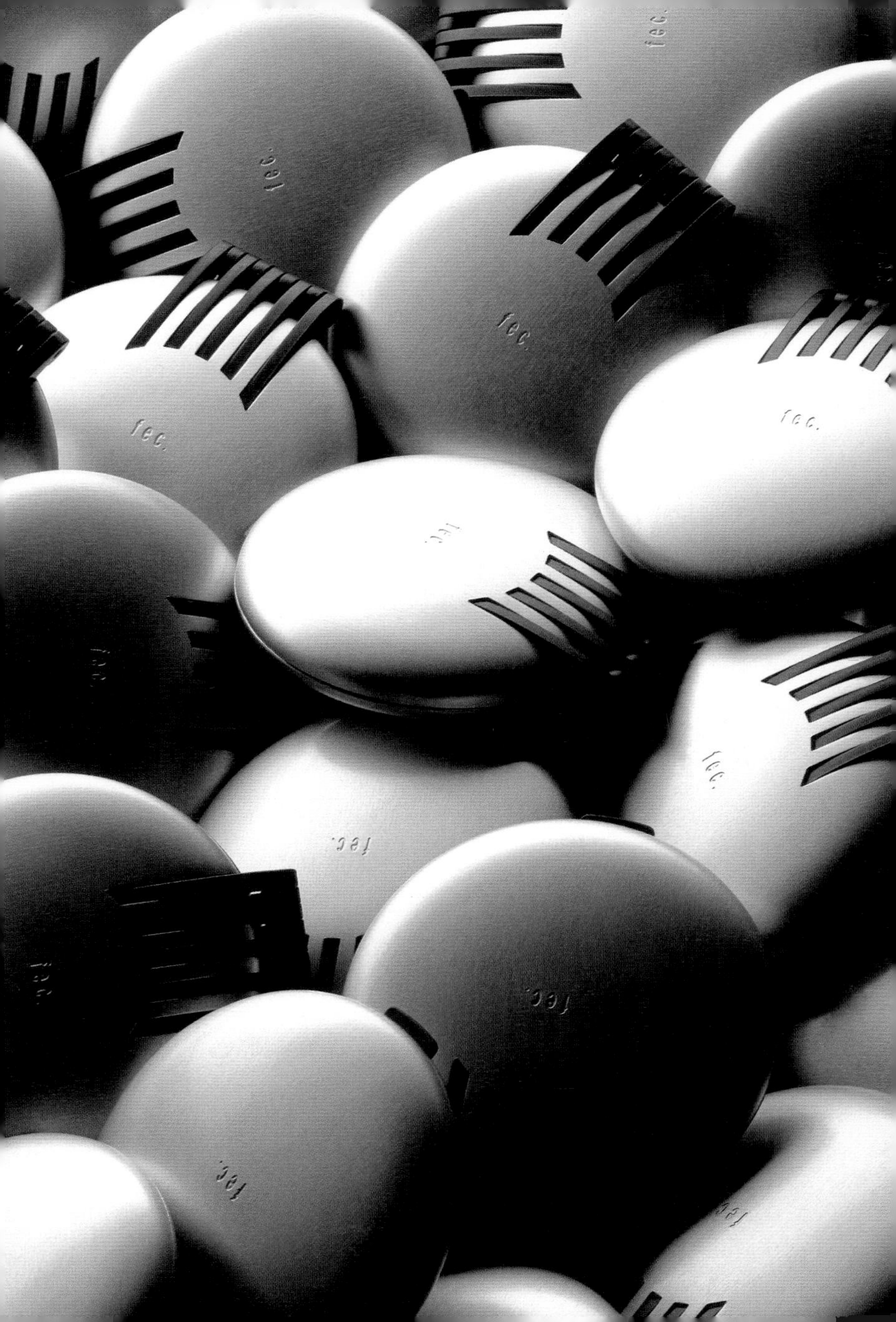
fec.

失败的委托案

一甲玉米、黑麦威士忌（1987 年）

这是以玉米为原料的波本威士忌“Corn Base”，以及以黑麦为原料的黑麦威士忌“Rye Base”。由于“纯麦芽”和“桶酿”广获好评且热销不断，于是一甲内部着手筹划这款新产品。这是由一甲主导的项目，我只参加酒瓶和酒标的设计。为了使产品在店内醒目突出，酒瓶不得不设计成稍微扁平的外形。这项委托案几乎到了不需要我多说话的地步，设计的概念也几乎没有我能够插嘴的空间。设计通常能够获得一定的成果，可是我从未见过一群人参与设计并获得成功的实例。

NIKKA WHISKY
CORN BASE
ニッカ「コーンベース」コーンが主原料の野性的な風味
原材料コーン・ライ麦・麦芽/ウイスキー特級

NIKKA WHISKY
CORN BASE
ニッカ「コーンベース」コーンが主原料の野性的な風味
原材料コーン・ライ麦・麦芽/ウイスキー特級

设计“纯麦芽”和“桶酿”时，蕴藏在设计当中的信息简单明了——获得消费者的认同，进而畅销；然而对于项目成功的真正原因，企业并没有正确的判断，这才导致出现这种所有人无功也无过、不好也不坏的“半吊子”商品。这类商品最终都会消失无踪。多人参与、充分考虑众人的意见，对设计是很重要的，但这项委托案令我着实体会到“决定设计时，民主是不可行的”！一件产品成功之后，需要了解成功的原因，这比了解失败的原因更为重要。系列产品在“纯麦芽”和“桶酿”成功之后却无以为继，实在令人惋惜。

NIKKAWHISKY
RYE BASE
原材料ライ麦・麦芽/ウイスキー特級

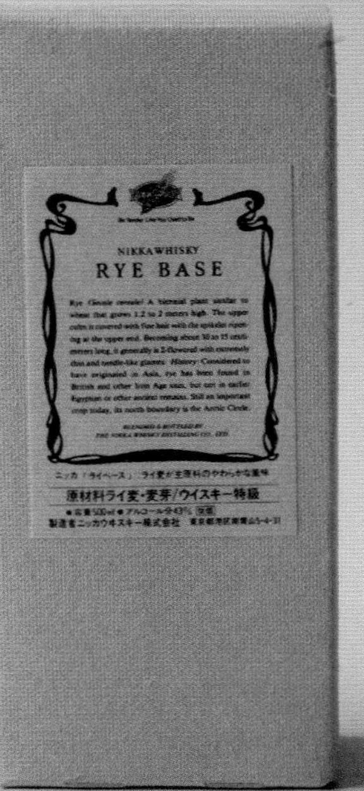
NIKKAWHISKY
RYE BASE
原材料ライ麦・麦芽/ウイスキー特級

一点点的设计语言

蜜丝佛陀薄荷系列化妆品（1987 年）

这是能在店里自行选购的平价基础化妆品，我负责整个系列产品里三款产品的设计：两种瓶装和一种管装。考虑到基础化妆品的目标在于希望消费者能够多次购买，所以必须避免过于稀奇古怪的设计。但这并非意味着商品必须失去个性，而是应当保留基础化妆品令人百看不厌的外形，再在其中点缀个性。保持百看不厌与个性之间的平衡，这就是基础化妆品的设计。这个系列的设计，我打算保留瓶状和管状的形状，只在盖子部分采用令人印象深刻的形状。虽然我想要打造产品细节的特殊印象，但是不能失去基础化妆品设计简洁的基调。于是，我保留瓶状的圆形断面，然后赋予其特殊的外形。既然要保留圆

MAX FACTOR
TONING
MINT
MAX FACTOR
MOISTURE
MINT
MAX FACTOR
CLEANSING
MINT

形的元素，就不要刻意增加其他的设计语言（设计元素）。换言之，简洁就好。想着想着，我的脑海中突然闪现了我最钟爱的米其林宝宝（Bibendum）那具仿佛甜甜圈层层堆起的螺旋状身体。我一边想着米其林宝宝的形象，一边计算着瓶身大小和加上瓶盖后的尺寸。顺带一提，甜甜圈状的膨胀和凹陷部分之间的曲度，我设法做到了最小。大曲度制作在技术上更容易，然而小曲度是联系各个膨胀部分之间的重要因素。随着曲度大小的变化，膨胀圈之间所呈现的关系将截然不同。谷曲度小，峰曲度的对比才会漂亮有形。这个小细节其实影响了产品的整体效果，并在很大程度上决定了成品的外观。

MICHELIN

以进化为前提的设计

湖池屋咔辣姆久薯片（1989 年）

薯片的包装袋应该怎么设计呢？这种在购买之后转眼就变成垃圾的物品，应该怎样设计呢？在思考的过程中，我意识到了一项常识，那就是“即使物品变成垃圾，仍然会在人们的脑海之中留下印象”。以往，这类制品内容更新了，设计也会跟着更新，说到底，就是一部用完就丢的历史。这类食品和糕饼、糖果厂商，总是抱持着“销售不好，只要更换设计就能解决问题”的想法。于是，我问客户：“设计，可以是用完即丢，也可以成为一笔财富永久留存。请问你要选择哪一种？”经过一番讨论与沟通之后，我参与了咔辣姆久的新包装设计工作，然而，当时辛辣口味的风潮已经过去了。

コイケヤ
NEW
ホット・チリ味
生じゃが
100%

风潮正盛的时候，没有任何人发表意见。可是一旦热潮过去，厂商就开始焦急起来。除了重新改造，别无他法。于是，连食品厂商都一并委托我重新设计。我提案的设计中，包装袋的左半边是咔辣姆久的商标，右半边是袋内食品的照片。我的提案就是考虑到将来即使被迫更新设计，仍旧能够保持原有的形式。这是以预测将来会更新设计为前提又保持了结构的设计方案。以条形码进行管理的卖场，从不理会厂商绞尽脑汁培育出的商品，只要未达到预期的周销量（每家店的预期周销量），立刻就会下架。这是面对残酷现实所思考出来的新方法。正所谓有备无患，事前预测设计是否需要变更，在发生难以预料的事情时，应对方式将会大有不同。这款咔辣姆久的设计形式，已经持续留存在店面货架上超过 10 年。

不变更的部分
（商品商标）

可变更的部分
（食品的照片）

"便利"带来的损失

会津清川有机农法纯米酒（1989 年）

日本酒开始引进口吹玻璃制成的一升瓶（1.8 升装）是在明治三十年（1897 年）。从此之后，人们只要提到日本酒就会想到一升瓶。虽然一升瓶很重，但是一手握住瓶颈，另一手托起酒瓶下方的重量倒酒的姿势，可以说已经成为日本酒文化的一部分。而且，这也是日本酒的乐趣。日本酒器里德利酒杯和温酒瓶之间的关系也是日本酒文化的重要组成部分，也许对现代人而言并不方便饮用。在日本，饮酒是一项流传已久、非常重要而传统的人际交流方式。饮食文化孕育于一个国家的风土民情之中。近年来，容易食用、容易饮用、容易倒酒等一切都以便利为优先考虑的观念，使得日本长久以来传承的饮食文化不知不觉地在一点点消逝。

会津
清川
有機農法

生活越来越方便，但诸多事物却在不经意之间失去了踪影。日本酒一升瓶的消失，丢掉的不仅是酒瓶特有的质感；日本酒改装入小宝特瓶中，相互为对方倒酒时的互动也随之消失了。虽然携带容易，然而洗净一升瓶的工作消失了，回收酒瓶的工作消失了，粘贴酒标的工作也消失了。工作明显减少，大家分工合作的均衡状态被打破了。日本酒文化经年累月培育而成的、与生活密切相关的点点滴滴都在不知不觉之间遭到了破坏。"便利"扰乱、毁坏了既有的社会文化。什么是品尝日本酒？不仅是在口中品尝，对于容器、酒器、桌子、空间等共同存在的事物，是否也应该稍做考虑呢？承接日本酒的设计委托时，我只会想到一升瓶。

純米酒

以颜色作为“招牌”

日东超市茶包（1989 年）

这是家庭用的平价茶包盒。直到今日，倒放的透明薄塑料茶包盒仍常见于店内。这种茶包盒撕去背纸之后，内装的茶包就很容易受潮。如果包装盒附有盖子，那么在开封后还是多少能够起到防潮的作用，能充分保护茶包。虽然盒盖必须使用更多的塑料，但是盒盖采用了在高温燃烧时不会产生有害气体的塑料。这款产品的包装设计同时考虑到了使用方便和环境因素。视觉上，我希望能够形成橘色色块，所以内装的茶包本身也主要使用了橘色。换言之，这是尝试“以颜色作为招牌”的实例。从远处望去，商品陈列之处就像是“一片橘色”。只要说出“橘色茶包”，就能够简单明了地传达出产品包装的特点。文字使用了

NITTOH
SUPER
TEA
BAG
25
日東紅茶

NITTOH
SUPER
TEA BAG
日東紅茶

能够融入橘色的绿色，并且调整了色调，以免破坏整体的橘色。因为材质和墨水的不同，在塑料和纸上基本无法呈现相同的颜色。在不同的材质上，颜色要调整到看似相同的程度，真是非常难的事情。但是这种考验耐性的操作过程非常重要。这是为了让产品的包装摆放在家中的任何一处都能成为装饰的一部分，而且不会显得突兀。那些为了在店内醒目突出、“以销售为目的的设计”，很容易不知不觉地忽略在生活场合中“以使用为目的的设计”。

NITTOH
TEA BAG
25

举止的设计

佳丽宝口红 ROUGE'90（1990 年）

这是一支口红的设计委托——佳丽宝 ROUGE'90。这支口红上没有任何公司名称或商品名称，对于大量投放电视广告的量产商品，通常不可能采用这种方式。不过，当我提出只需要在外包装盒上标示出商标和小的说明贴标，就能以示厂商对产品的负责，这个想法获得客户的理解。于是，“看似普通，却前所未有的口红”问世了。在人们的日常生活中，围绕在身边的商品往往充斥着企业或商品的标志。为什么人们非得和这些商标生活在一起呢？我思考着这个看起来理所当然的现象。从使用功能的角度而言，商标未放在正面不会产生任何问题。厂商只需在背面说明，以示负责即可。所以谁说产品正面一定要摆上

商标呢？当然，这是巧妙隐藏品牌但更具广告价值的战略。质疑那些看起来理所当然的事情，其实是很重要的。这支口红的断面形状设计成了椭圆形，相较于以往圆筒形的口红，第一次使用时感觉特别不一样。通常口红只需转动外壳就能够转出或转入，而这支口红改用橡胶材质的转动带，滑动之后即可调整唇膏的出入，这是个不同于转动的“举止”。使用时，人们看到的不是商标或颜色等图像，而是女性不同于以往、深具魅力的“举止”。

色彩的勾玉

美宝莲彩妆（1990 年）

这个彩妆系列是针对年轻女性能够在店内自由选取、结账的销售方式进行设计的。在这个系列当中，我特别细致地打造了小巧透明的眼影盒，以期留下令人深刻的印象。打造系列商品时，关键在于挑选哪款产品作为主打。这款眼影色彩缤纷，摆入透明盒中，里面的东西一目了然，陈列在店内能够直接呈现其华丽。综合上述几点，在此系列产品里眼影非常适合作为主打产品。在我尚未接触美宝莲之前，这种手法就已经用于单色眼影里。我沿用了这种手法，并且让眼影本身色彩的印象更为鲜明。从远处望去透明盒隐而不见，能看到的只有一块块颜色奇特的彩玉。

Maybelline
Maybelline
Maybelline
Maybelline
Maybelline
Maybelline
Maybelline
Maybelline
Maybelline
Maybelline

凑近一瞧，就会发现这些彩玉呈现着古代饰品常见的勾玉形状。等到实际使用时又会发现另一件事，那就是你无法立刻领会如何打开这款眼影盒，必须等到仔细观察、触摸之后，才能明白眼影盒的构造。眼影盒以透明亚克力压制成过去的蛙嘴式钱包的样子，盒盖和盒身是咬合式开关，使用者在乍看之下无法明白应该从何处开启。就像是一件古老宝物的用法必须以现代方式解密，我打造了这款外形的眼影盒，将琢磨开盒方式的乐趣留给了使用者。虽然我早已料到会出现易滑、易落、不知道如何打开等意见（其实制作不易滑、易开启的物品非常简单），可是我这样做就是为了刻意凸显这些在近代合理化过程中遭到剔除的事物。

自己的工具

佐藤卓设计事务所的海报（1991 年）

从广告制作的第一线，我踏入了社会。1991 年我重新思考平面设计，并为自己的公司制作了这幅海报。画面中的英文字母轮廓线是用计算机描绘的，文字内部则用铅笔描绘。1990 年时，人们认为未来计算机将成为设计师的必备工具。当时我推测未来表现的发展方向，认为手工绘制在计算机问世之后反而会更加珍贵。所以，我便以手工绘制为主的方式尝试制作了这幅海报。如此一来，刚好为我提供了一个契机，思考到底什么是对自己不可或缺的工具。

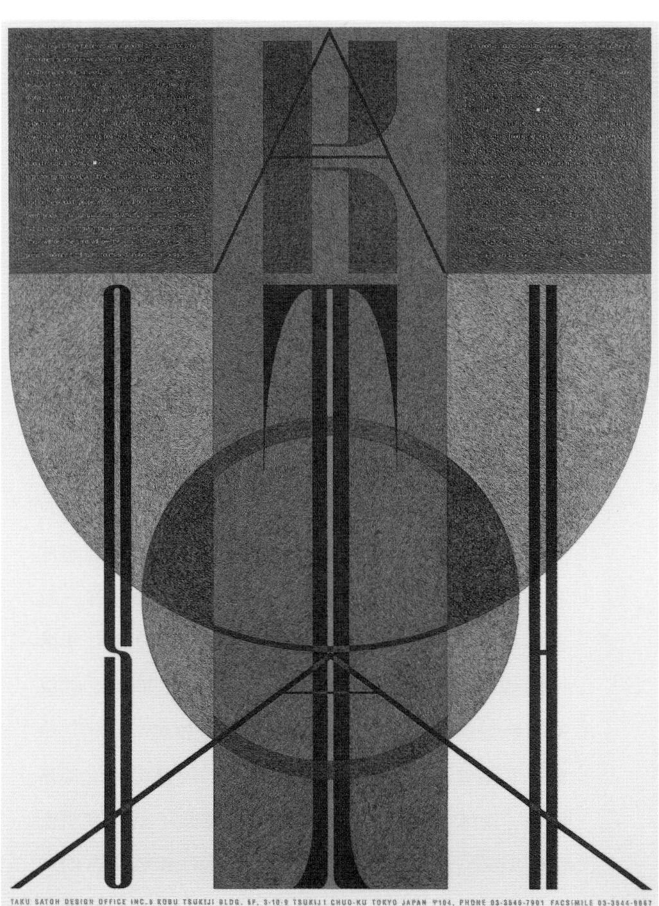
TAKU SATOH DESIGN OFFICE INC., 8 KOBU TSUKIJI BLDG. 5F, 3-10-9 TSUKIJI CHUO-KU TOKYO JAPAN 〒104, PHONE 03-3546-7901 FACSIMILE 03-3544-9867

之后我注意到一种从小就习惯使用的出色工具——铅笔。我早已习惯铅笔能够展现的无限可能性；在铅笔之后，我更换使用了更方便的自动铅笔，并灵活运用铅笔时代培养而成的技巧。我使用自动铅笔将自己的想法付诸文字，尝试以自动铅笔的笔触呈现活版印刷的效果。最初我先在脑海中勾勒出整体图像，画出小幅素描，然后将轮廓输入计算机，仅将文字的轮廓线打印到纸上，然后再使用自动铅笔，以细腻的笔触描绘轮廓内部。整个过程的重要意义在于，乍看之下整幅海报是以手工绘制完成，但是实际上却是仰赖了计算机描绘框架。从作品中感受不到计算机制作的痕迹，这是通过预测未来发展的必然趋势而诞生的设计表现方式。

NEO-ORNAMENTALISM ■ We must begin to have the perception that product design is part of living environment design when we are flooded by a very large number of products There is the idea that products do not exist independently, but because of their relationship with products around them. The relationships involve not only products of the same kind, but also everything around them. The time has come when the design of one package must move awareness to the consumer's side, instead of manufacturing products while thinking only of the supplier. Perhaps, it is now time to reexamine the approach of "sell or nothing" giving the highest priority to the pursuit of profit as a product of capitalist society. ■ From now on, the supplier will be required to provide each product carefully in the firm belief of what they would like to do for society, instead of thinking that everything ends when the products people want are produced. There will be a clear distinction between products that are manufactured with such an awareness and those that are manufactured by giving the highest priority to profit. Rather than "there will be", the trend will be "there must be". Nevertheless, the present tendency is still for products, including their design, to be good. Products based on a unique concept are sold if they are communicated well even if their design is not good. There are suppliers which think "Products are good if their substance is good." Designers frequently feel that designs are floating in the air. Under this situation such designs cannot be given a final perfect form unless there is a very strong belief in the product. ■ There is a world in which desperately wanted articles cannot be obtained. There is also a world in which unnecessary articles flood us without us noticing them. I happen to exist in the latter world and this is why I can say this. However, what I can say is that there must be a sense of inevitability when one creates a new article. In the former world, there is meaning if articles merely exist. In the latter world, articles are specially sought. Meaning is not attached to the senders side. What matters is whether or not it is worth its existence. From now on, we cannot merely sell goods to people without taking responsibility for the things following. Environmental problems have become close to us. This is why the time has come to say good-bye to the age in which articles could say anything as long as they pleased. 1991 TAKU SATOH

科技带来的可能性

《内景》杂志海报（1991 年）

荷兰阿姆斯特丹出版的《内景》（*INTERIOR VIEW*）杂志委托我设计内页，这是我将当时制作的图像发展设计为海报的作品。图片中央的球状图案设计，是我以大学时期曾经研究过的蔓藤花纹（arabesque，一种阿拉伯花纹）为基础，并加以复杂化，然后重叠覆盖到石膏球体上拍摄而成的。蔓藤花纹可大致分为两类：一种是唐草花纹——以植物为主题的具象图案，另一种是以几何图形为主题的抽象图案。大学时期，我对后一种蔓藤花纹特别有兴趣，从最初由简单入门，到后来逐渐趋于复杂，最后我设计的图案结构已经能达到他人难以破解的水平。那是一股冲动，驱使着自己将图案设计发展到无人能及的程

INTERNATIONAL MAGAZINE
INTERIOR VIEW

度。这次制作的球状图案是以大学时期研究的几何图形为基础，创造出正六角形和正五角形相连的图案（足球的黑白关系），借由计算机的定位技术贴在多面体上，再膨胀球面而制成。其实，把图案设计制作成球体的想法在我心中存在已久。就在我四处寻觅制作方法时，相应的计算机技术问世了，于是我立刻着手尝试制作。这个球状的图案设计总共形成了 5 个圆圈，沿着白线就会回到原点，正好是 5 个圆圈缠绕交叠而成的模样。当时最尖端的科技帮助我实现了心中的想法。计算机方面的制作，我拜托了藤幡正树帮忙。这项设计也运用在我设计的都科摩 P701iD 和 P702iD 手机的待机画面上。

INTERNATIONAL MAGAZINE

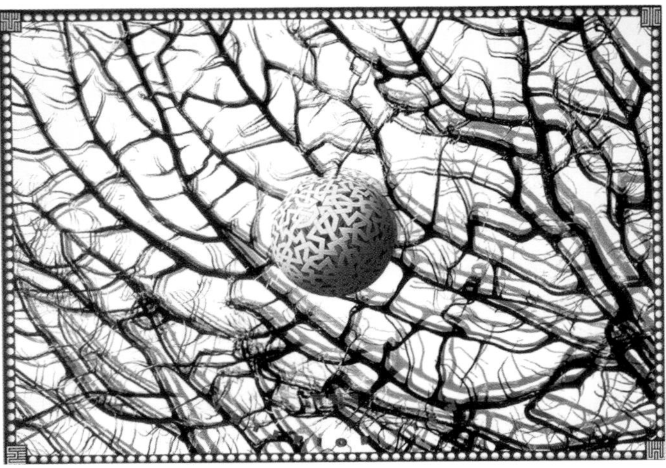

设计的轴心

卡乐比玉米片（1991 年）

在我负责设计之前，卡乐比玉米片系列已经有很多产品在市面上销售，然而这些产品的设计只能看见并无关联的设计形式，毫无系列产品应有的感觉。随着产品种类逐渐增加，卡乐比品牌总算处于能看出些端倪的阶段，然而当时的销量远远落后于家乐氏（Kellogg's），如何以为数不多的产品种类展现品牌的存在感成为亟待解决的问题。于是我提出了崭新的设计形式，用这种设计形式制作所有的产品外包装。我提议以新商品整体规划的观点，重新建构品牌企划和设计，并一再声明代言人的必要性。由于没有任何素材能够成为品牌财产，所以我清楚地知道只是更改设计的外观，效果将会很差，于是我决

第一代红糖系列

第二代红糖系列

第三代红糖系列

第四代红糖系列

定“任用”史努比领军的花生米家族——这个家族的成员早已获得各个年龄层的喜爱。此外，我希望外包装所呈现的形象即使是儿童也能够清楚理解。换言之，外包装的目标在于让儿童都能够以口语说清楚。每个外包装都配有主色。“红色盒子”“咖啡色盒子”或“黄色盒子”，每个包装都能够以简单的词语加以表达。根据这种基本设计形式不断演化至今。为品牌的设计赋予了一条主轴，反而具有无限演化的可能性。最初品牌设计是以母亲为诉求对象，现在则将诉求对象逐渐转向儿童。

根据第一代红糖系列的设计，进行其他各品类设计

消失的设计

可尔必思乳酸饮料（1993 年）

可尔必思于 1919 年上市，是日本国内最早的乳酸菌饮料，已经是销售多年的老品牌。我曾经参与了可尔必思大幅度更新设计的工作。在该品牌悠久的历史中，我所参与的设计始于 1993 年，共使用了四五年时间，为期不长。面对拥有悠久历史的品牌，我们要清楚地分辨出来哪些部分应该创新，哪些部分应该保留。可尔必思自创始至今，圆点是非常重要的品牌特征，缺少了圆点就不是可尔必思了。可是圆点的符号性很强，使用圆点的话，无论如何更新设计都不易于传达重新换装的讯息，何况当时可尔必思还想同时推出与玻璃瓶装相同容量的纸盒包装的产品。

カルピス
CALPIS
牛乳と乳酸菌がつくり
だしたさわやかな風味
550ml

当时除了可尔必思主打商品之外，我也负责可尔必思苏打汽水的设计。所做的圆圈商标，从远处就能立刻认出。

相较于瓶装的长方形标签，纸盒包装更纵长一些。所以，如何在完全不同的形状上配置相同的设计要素，便成为一道难题。于是我制作了新的设计形式——包括两项基本要素，一是英文字母“CALPIS”，二是带有日文片假名“カルピス”的圆圈。如此一来，无论形状是纵长或长方形，只需要改变排列方式就能应变而生。随后，鲜果系列的可尔必思以相同形式、不同颜色加以变化，以可尔必思品牌新成员的身份“粉墨登场”。圆点就像是使用镊子等距地整齐排列。这个新形式原本是打算循序渐进、不断培育的长期计划，然而在品牌负责人更换之后，所有的长期计划和设计都消失了，令我完全错愕，难以置信。

CALPIS® SODA
あまさすっきり
はじけるおいしさ
カルピスソーダ

建构甲类烧酎现代设计

宝酒造的委托案（1992 年）

日本烧酎分为两类：使用单一式蒸馏机，进行 1～2 次的酒精蒸馏，酒精浓度在 45 度以下的传统烧酎是乙类烧酎；使用连续式蒸馏机进行数次蒸馏的近代烧酎，则是甲类烧酎。宝酒造的酒款“纯”，1992 年时已是拥有 15 年销售历史的甲类烧酎。我最初参与的设计是木箱包装、限量生产的“15 周年纪念酒”。这款产品的设计有许多人主动参与，我对宝酒造提出的新企划案最终被采用。当时恰逢宝酒造为了纪念发售 15 周年纪念酒，并计划打造原创酒瓶。后来这个设计甚至延续到量产“超 · 纯”（Super）。这项企划案始于探讨甲类烧酎酒瓶的应有形态。我觉得，如果乙类烧酎酒瓶的设计要传达当地风俗特色，那么甲

純
宝焼酎
富士山麓湧水使用
焼酎甲類25度720ml

純
宝焼酎
富士山麓湧水使用
焼酎甲類25度720ml
15th
ANNIVERSARY
純
15th
ANNIVERSARY

类烧酌的设计则应该是体现现代都市风格，所以瓶身尽量采用直线。瓶身的肩高拉到最高极限，必然形成直角形状。这个瓶身的两肩角度已是量产酒瓶的极限，不过酒标却因此能够贴在具有轻盈印象的高腰位置。考虑到成本和环保因素，酒标采用单色印刷，因而更凸显出甲类烧酌的近代风格。我后来得到委托，设计易拉罐装的“超·纯”烧酌碳酸饮料，因为这将成为早已上市销售的名作——易拉罐装宝烧酌碳酸饮料的兄弟商品，为了向名作表达敬意，我的设计刻意承袭原有风格。

SUPER
純
This product is made with the new, revolutionary technology, the "HEAT BLAST" method, and spring water from the base of Mt. Fuji. It is the masterpiece of spirits that has been constantly pursuing quality and the needs of the times. Enjoy its smooth and rich taste.
宝焼酎
富士山麓湧水使用
焼酎甲類 20 720ml

多目的的形状

宝酒造回收酒瓶（1993 年）

啤酒瓶回收、洗净之后能够重复使用。这种回收利用的机制已经像是社会的基础建设，是一项非常杰出的创举。宝酒造的新项目尝试开发和啤酒瓶一样能够回收再利用的酒瓶（回收酒瓶）。相较于用完即丢的酒瓶，能够再利用的酒瓶外形通常有着更多的制约，例如强度、安定性、易于清洗性、工厂操作流程的整合性等。考虑到这些制约因素，其外形通常就会变成类似啤酒瓶的造型。既然啤酒瓶与社会基础建设同步成长，直接仿效可以说是最省力的方式。可是诚如本书第 56 页所述（宝酒造“超 · 纯”酒瓶的故事），我认为应该展现甲类烧酌的风范，以便有别于乙类烧酌，并期望今后还有使用在其他商品上的可能性，于是我

建议酒瓶侧面制成垂直的。如此一来，今后各种形状的酒标都能无碍地贴于酒瓶上。最令人伤透脑筋的是酒瓶侧面（粘贴酒标的垂直面），虽然通常不易看出来，其实酒瓶下方是微微膨胀的。这个膨胀是为了保护酒标不会在工厂或店内酒瓶碰撞时受到损伤。如此一来，酒瓶两肩和下方的膨胀相互碰撞，就不会损伤酒标。如果没有这个膨胀，搬运时，会造成酒标伤痕累累，无法成为商品。所以，酒瓶通常在酒标上下方制成膨胀的，酒瓶是呈凹状的。但是，我认为这样无法打造出利落有型的甲类烧酌风情，所以最后制成了从酒瓶两肩垂直向下的外形。这款酒瓶目前仍持续使用在“纯”和“传奇”（Legend）等两款酒上。

日本美式设计

福乐冰激凌（1992 年）

福乐冰激凌（Foremost Blue Seal）是只在冲绳当地销售的一款冰激凌。当各位前往冲绳旅游时，一定会在机场专卖店看到这个品牌的冰激凌。它最初是由美国福乐（Foremost）公司研发的，不同于最近流行的硬邦邦的口感，而是充满怀旧风味的松软冰激凌，创始至今从未改变。20 世纪 50 年代和 60 年代设计了绘图式纸桶，直接将冰激凌装入纸桶里。这款冰激凌至今仍在销售，怀旧的设计想必拥有不少忠实拥护者。诞生于美国的这款冰激凌设计，始终令人有“来自美国”的印象，我觉得应该继续保留，所以我采用略带怀旧的美式风格，完成冰激凌杯的颜色、渐层、垂涎欲滴的照片等。什么是美式风格呢？其实当时的我根

LIGHT ICE CREAM
BLUE SEAL
BORN IN AMERICA
In America "Blue Seal" is used for products of the highest standards containing the best quality ingredients
VANILLA
SINCE 1963
バニラ

本一知半解，只能设法打造出一个差强人意（不精致）的设计。在美国这片土地上生活着不同种族、不同语言的人，日常生活设计追求的是能够突破文字壁垒、一目了然的图案，商品包装也是相同的道理。在美国，根本找不到无法看见物品内容也未在包装上放置物品内容的照片或插图的商品。饮食文化源于一个国家的风俗和环境，于是我仿照低价、迎合大众的美式基本包装，或许呈现了“美国人设计的日式风格”吧。

LIGHT ICE CREAM
BLUE SEAL
BORN IN AMERICA
バニラ

艰难时代的艰难选择

BANCO 绘图工具（1989 年）

我受 BANCO 委托的时候，正好是电脑开始进入日本之时，这时几乎所有的设计都还未开始使用计算机。VANCO（第一个字母是 V）是一家主要制造圆尺、椭圆尺等绘图板的厂商。即使他们预测到未来计算机应该会成为设计的工具，这个项目仍然计划打造新的绘图板商品。在项目进行的过程中，我以设计师的身份加入进来。观察潮流走向——手绘圆形、手绘椭圆——根本无须自己动手绘图的时代已然来临。即便如此，客户仍然执意制作绘图板。这意味着不是扩展以往商品或是追加制作相同商品就能够成功的。在一番苦思之后，我归纳出两个方向：一是赋予产品前所未有的外形和配置，但如此一来，绘图板的存在价值

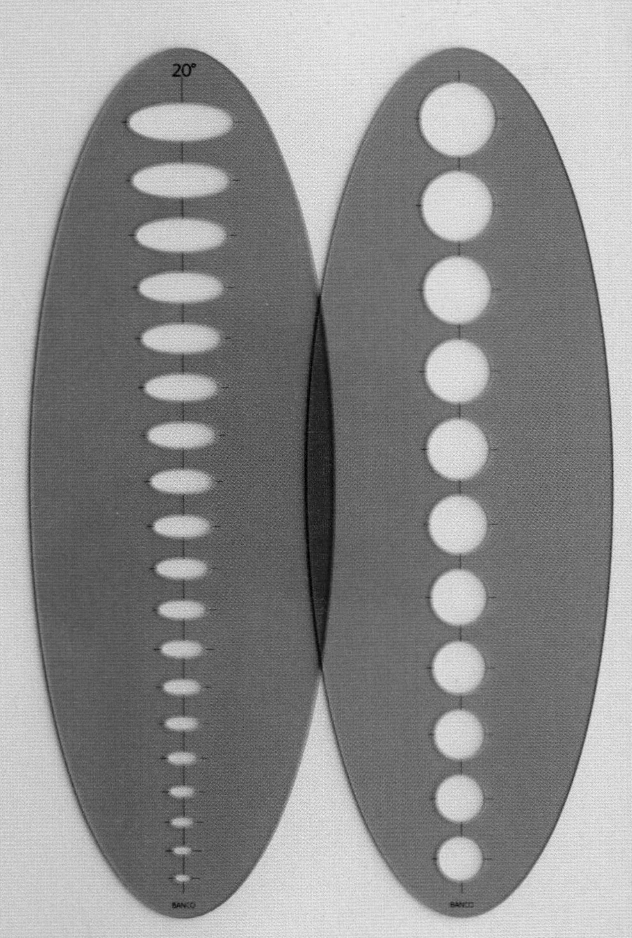
20°
BANCO
BANCO

将逐渐淡薄；二是创造绘图板功能的软件，可是这对客户而言是无力承担的，因此没有获得采用。然而考虑到未来设计环境的变化，其实应该追求后者的可能性。总之，最后完全脱离正常功能的绘图板完成了。我事后反省，明白了自己无法强势引领客户，不过当时设计的直尺和求圆心的特别尺（右页），我至今仍然很爱用。

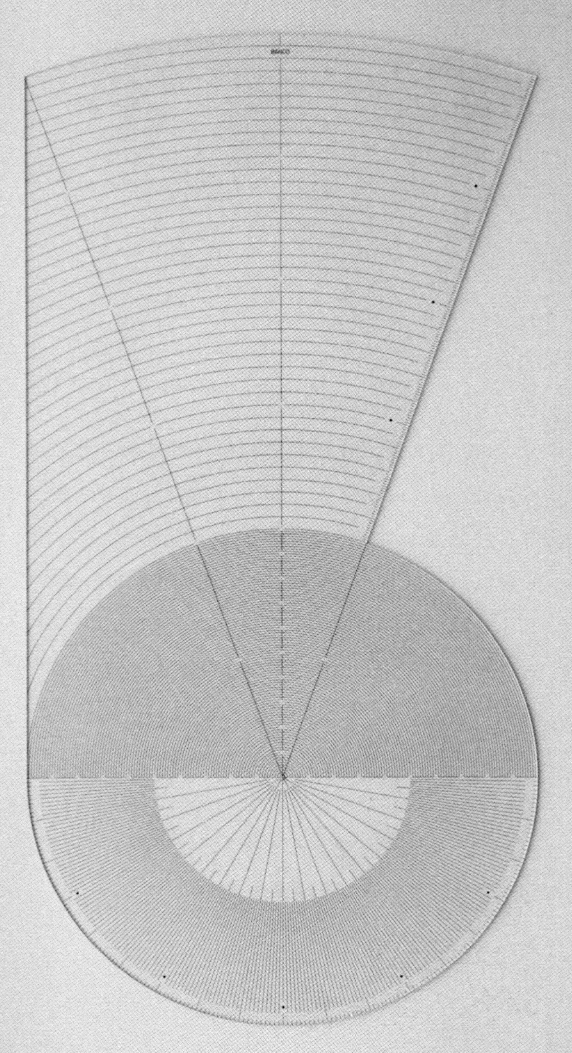

一个人的眼光

高丝蔻丝魅宝系列化妆品（1993 年）

从 1992 年开始，我长期参与高丝蔻丝魅宝的设计。山田博子从公司成立第四年起负责高丝的产品研发，除了蔻丝魅宝之外，我还和她共同设计了许多产品。长期和同一人直接反复讨论对我来说是很少有的经验。长期交往以及对许多设计的讨论，不仅加深了双方的理解，还让随时分享“什么是蔻丝魅宝”成了必备的事项。于是，我们两人之间建立起信赖关系。山田小姐的市场掌控能力，令她在公司内的地位屹立不变。对于如何在店内获得女性的青睐，她也是个中好手。即使在后来经济不景气的时候，公司的“景气度”仍旧年年上涨，足以证明她的能力。

MEDICATED
ACNE
OIL
CONTROLLER
KOSÉ
COSMEPORT

公司看重她的个人能力，才会长期委以重任，而当初挑中她的人可谓独具慧眼。一般日本企业对于必须长期负责才能驾轻就熟的产品研发或市场营销的职位，常常像对业务人员一样屡屡更换。因此，常有些完全不熟悉公司设计资源的人，轻易地将公司辛苦建立的品牌化为乌有。从企业的人事变动的方式，就能够发现设计至今尚未真正地获得理解。设计的关键在于人。只有具有这种觉悟的人才能承担起设计的责任，负责协调公司内部。一个只是乌合之众、无人负责的体制，终会将设计的力量耗尽，进而消失无踪——这个道理适用于所有的企业。

Clinity
Cleansing Wash
KOSÉ
COSMEPORT
MOISTURE MILD
white
KOSÉ
COSMEPORT
whital
lotion
moisture
MILD

“不知道”设计

大正制药 ZENA 营养饮料（1992 年）

ZENA 的设计概念是“不知道”。承接这项委托之后，我将用于强身健体、补充营养的饮料在桌上一字排开。无论是已经获得压倒性市场占有率的 Yunker 黄帝液，还是同类的壮阳饮料，我都悉数搜集，以便思考这些商品之间具有哪些共通之处。慢慢地，我知道了“不知道”这件事情。这类饮料大多采用了令人难以理解、不可思议的设计。这类饮料的设计目的是什么呢？其实就是“看起来似乎有效”。虽然目的在于设计效能，但是仔细望着这些描绘着令人觉得惊悚的蜜蜂、毒蛇、树根的图像，可以得知这类饮料的设计从未在设计领域中得到讨论。

ゼナ
F-II
大正製薬株式会社
東京都豊島区高田3丁目24番1号

ゼナ
F-II
Muirapuama extract [Muirapuama] Rehmannia extract [Rehmanniae radix] Lycium fluid extract [Lycii fructus] Angelica fluid extract [Angelicae radix] Ginseng extract [Ginseng radix] Astragalus fluid extract [Astragali radix]
E·NutRI
çaoEVI
GOR·CO
NStItuIçãOF
Raca·compL
EMENtONutR
ItIVOE
mcasos
de:fad
Icafísica, an
teseapósdoe
nças, anorex
Ia, desn
utriçã
o, doen
çasdebilita
ntes, associ
adasafebre,
durant
egravi
dezela
ctação.
大正製薬

我想，应该没有人看到印有树根的外盒包装，就能知道葫芦里卖的是什么药吧。然而正因为不知道，反而感觉似乎极具效果。各位可以想象自己正在饮用这种饮料的情形，那是希望自己能够立刻恢复活力的心情。正在做最后挣扎的人会被什么东西吸引呢？原来是“虽然不知道是什么，但是看起来似乎很有效”，这是一种近似于求神拜佛的心情。于是根据“不知道”的概念，我打造了商标等整体包装设计。1992 年发售至今，只有一些微调，除了主打商品以外，公司内部持续采用“不知道”的概念进行设计。其实这个“不知道”的设计概念另有能够通用的领域，即生发类的产品。令人觉得“虽然不知道是什么东西，但是似乎具有生发功效”的设计，真的是能够抚慰“求发”心切的烦恼人士。如果能仔细观察世间的各种事物，其实潜藏着各种乐趣。

ゼナゼナゼ
ナゼナゼナ
ゼナゼナゼ
ナゼナゼナ
ゼナゼナゼ
ナゼナゼナ

有意义的形状

富士银行收银盘（1993 年）

这是为了现在已经不存在的富士银行设计的原创收银盘。富士银行以往的收银盘是又大又粗俗的正方形盘，从未考虑过存折或纸钞的大小，这个超大的收银盘还会令人在办理零钱交易时感到脸红惭愧。无论是用于办理 1 亿日元的支票，还是用于办理 100 日元的硬币，收银盘都是银行和顾客直接往来时非常重要的沟通道具。在负责富士银行纸袋的设计时，我注意到了这个收银盘，便着手调查这种粗俗外形是否具有任何特别意义，结果是其实根本没有规定准则。于是我联络了负责人，立刻着手设计新的收银盘。

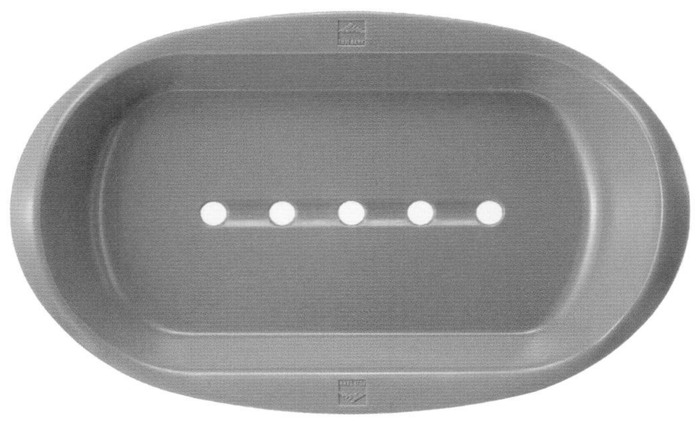

首先，为了了解银行的收银盘在银行柜台周边的使用方式，我进入柜台内进行了一整天的观察，甚至还在东京的几家分行采访了柜员使用收银盘的状况。然后根据多项意见，完成了收银盘的设计。我确保了收银盘底部能够轻松放置纸钞、存折以及各种单据。收银盘摆放在柜台上时，能够呈现优美的线条。通过两侧的设计，收银盘可以用双手被优雅地捧起，恭敬地呈给顾客；5 个底洞能让柜员清楚地看出下方收银盘中摆放的文件；印鉴专用沟槽可以避免重要的印鉴任意翻滚；有了从底面向上延伸的弧形坡度，倾斜收银盘就能够让零钱如水流般滑落；橡皮垫能避免收银盘摆放在柜台上时发出声响。在诸多细心考虑之下的原创收银盘终于诞生。我想，肯定只有日本才会如此精心设计银行的收银盘。

“后来”的设计

重建（1993年）

这是毁坏自己设计的作品后拍摄而成的。这个系列由5张照片构成，作品完成时，通常摆放在脱离现实的空间进行拍摄，成为不真实的影像，这是为了完美展现作品的存在。设计师向来都只展现自己设计作品完美的一面，可是设计和人、环境是共存于无止无休的变化当中的。我希望通过拍摄“后来”的形状，问问他人和自己什么是设计。仿佛我们参与设计的量产商品，它们所负责的工作是成为垃圾的一部分。

SUPER
純
宝焼酎
20
焼酎甲類
宝焼酎
REBUILD/TAKU SATOH DESIGN OFFICE INC.
1992 TAKARA SUPER JUN

如此理所当然的道理，常常容易在商品开发或设计的第一线被遗忘，所有人都在集中精神思考什么是销售物品的必要事项。无须各位提醒，我当然理解打造畅销物品，使其畅销全球是非常重要的事情。各位只需瞧瞧我所参与的物品设计，即可了解我深知这些的重要性。可是我不希望设计只是为了销售，这样太狭隘，也太缺乏格调。思考物品与人和环境之间的关系，反而能够找出更多的可能性。或许稍微停下脚步，想一想“更为丰富宽裕”的真义，有其必要性。

REBUILD: TAKU SATOH DESIGN OFFICE INC.

CHU-HI

GREEN GUM
GREEN GUM
GREEN GUM
GREEN GUM
GREEN GUM
REEN GUM
LOTTE
9 GUM STICKS

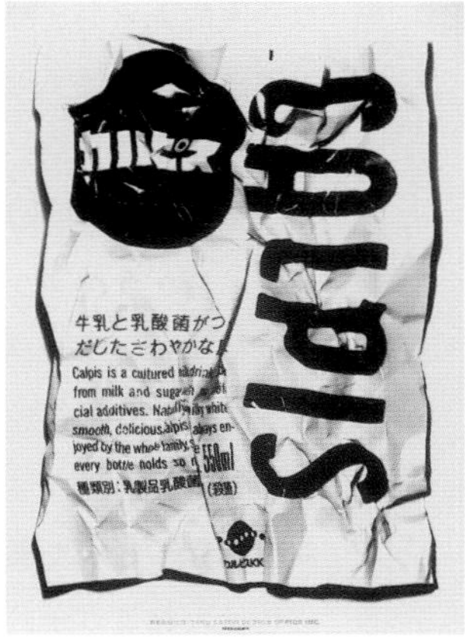
CALPIS
牛乳と乳酸菌がつ
だしたさわやかな
550ml

日本第一支多米尼加舞乐乐团

阿拉斯加乐团（1997 年）

这是多米尼加默朗格（merengue）舞乐乐团的 CD 封套设计，我是这个乐团的打击乐手。默朗格是位于加勒比海的多米尼加的民族音乐，是快节奏的舞乐。多米尼加舞乐乐团“阿拉斯加”（Alaska Band）的前身是一支骚莎（salsa）乐团，名为“山茶花”（Camellia Group），乐团的长号手也是插画家的河村要助邀我入团，从此我便迷上了拉丁音乐。骚莎音乐是在纽约发展起来的拉丁音乐，多米尼加舞乐不仅在加勒比海地区受到欢迎，在纽约也是人气鼎盛。拉丁音乐发源于非洲，随着黑奴漂洋过海传到了中南美洲，它的乐曲旋律又在各地发展成了独特的音乐。虽然拉丁音乐总是给人充满欢乐的印象，然而或许是在历史发展轨

ALASKA
BAND

ALASKA
BAND

ALASKA
BAND

迹中有着黑奴、混血等元素，在音乐中又总是飘荡着淡淡的“哀愁”，因此才更能撼动人心，余韵久久不散。多米尼加舞乐中使用的鼓名为天巴鼓（tambora），我在加入乐团后前去选购时，才发现中南美洲的信息根本很少传入日本，当然更无人知道这种鼓的敲击方法。于是，我前后两次直接前往这种鼓的发源地购买，并向当地专家请教了敲击方法。这张 CD 邀请河村要助绘图，我负责设计，是具有纪念意义的专辑。广播电台 J-WAVE 在当时经常播放这张专辑，时至今日我对此还津津乐道。演奏会的服装和舞台布置都是精心设计的视觉系风格，不过演奏则不太高明。所以，这支现在看来仿佛虚构一般的多米尼加舞乐乐团，未曾在历史上留名。

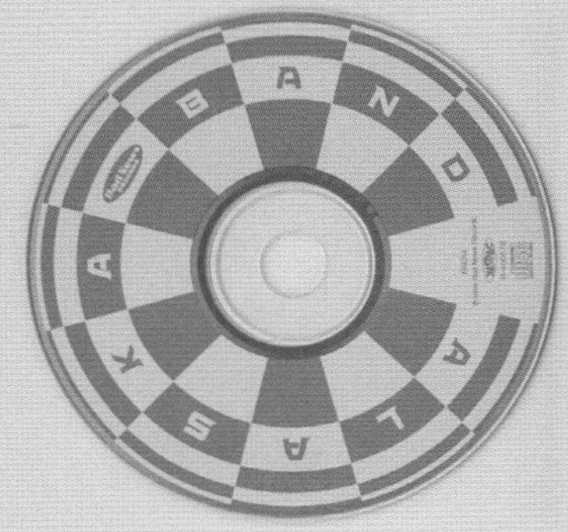
ALASKA BAND

ALASKA
BAND

ALASKA BAND
ALASKA
BAND

垂涎欲滴的设计

食品的包装（1986 年）

食品包装重视“垂涎欲滴感”（sizzle）。“sizzle”原是表音词，表示烤肉时发出的嘶嘶声，现在演变成了“令人垂涎欲滴”之意。因此，设计出的作品必须令第三者觉得“看起来好好吃”。这种感觉是从何而来的呢？其实是来自过往品尝美味食物的经验。品尝美味食物时的状况会存储在记忆中，而且不仅是味道，当时的周围环境都会成为“美味信息”，刻画在记忆里。这些记忆不需要依靠语言文字，就能丝毫不漏地保存。例如盛装美食的容器，不是以语言文字加以记忆，而是以容器本身的材质、形状、颜色、表面、触感、温度、气味、光线和自己的位置关系等周遭所有的信息来记忆的。制作“看起来好好吃”的作品，其实就是唤醒

RASPBERRY
120
菜
トマト
MACARONI
Mix
コイケヤ
増量
CALPIS
ゆうゆう茶
秘蔵の新中国茶
龍眼甜茶
甜茶由来の優しい甘さ
Calbee
ブラウンシュガー
40g
OREGON
PEACH
チーズケーキ
三共
MJ・リゲイン
タウリン1000mg配合
AGF
AROMA
in
香りがつづく新パック
インスタントコーヒー
ほどよいコクのマイルドテイスト
INSTANT COFFEE 80g
海洋深層水がうれしい
野菜・果実ミックス
NEW
てりやきビーフ
J・リゲイン

许多人的美味记忆，所以这是一种寻找多数人共同味觉记忆的行为。因此必须摒弃个人好恶、客观搜寻，才能得以发现，毕竟好恶因人而异，不能以偏概全。这种行为正是设计所追求的，一个不能面对客观现实、过于关注自我的人是无法设计量产食品的包装的。而且不同的商品，要追求不同的“看起来好好吃”。一项量产食品设计工作的完成，必须全盘考虑“看起来好好吃”的设计，以及相关性、环境因素等。

联系人和人之间的设计

乐天“凉薄荷”系列口香糖（1994 年）

1993 年，我参与乐天“凉薄荷”口香糖等新包装的设计时，这些商品已经有大约 35 年的历史了。对于常客而言，包装表面的设计已经形成一种符号，换言之，这已非仰赖设计刺激购买欲望的阶段了。这种已经烙印在记忆里的符号，在店内被看到时，能直接传达到大脑进行比对，串联起人和物品之间的关系。这种已经成为符号存在的商品，包装应该如何更新呢？最重要的是清楚地区别在设计上必须保留和舍弃的部分，然后找出新的观点。首先，我发现当口香糖摆在店内时，能够同时看到两个侧面，我立刻灵感涌现，想到可将文字和图案分别印在两个侧面上。图案面随着品类变更为 5 种并列的某种事物。这 5 种事物根

9 GUM STICKS
COOL MINT
A LIGHT AND MILD SWEETNESS COUPLED WITH LASTING FLAVOR AND COM-
FORTABLE CHEWINESS. ENJOY THE DELIGHT ONLY POSSIBLE FROM LOTTE.
LOTTE
歯を大切に(サ
ーロン配合)・おいしさアップ

据品类加以挑选，例如“凉薄荷”口香糖上的图案就是企鹅。根据这种形式，各个品类陆续问世。在潜移默化之间，形成一种品牌印象，留存在人们的记忆当中。顺带一提，在“凉薄荷”系列的包装上，从前方数第二只企鹅的翅膀是举起来的（举起来的理由将在“鲸鱼在喷水”中详述），而且我建议这点不要在任何广告当中提及。我希望留给购买者自己发现的空间。当购买者发现时，一定会迫不及待地想和他人分享。换言之，这是联系人和人之间的包装。这款商品已经跨越销售或畅销的藩篱，成为仅能在日本成立的一种沟通文化。无论是多么微小的细节，都潜藏着尚未为人所发现的可能性。

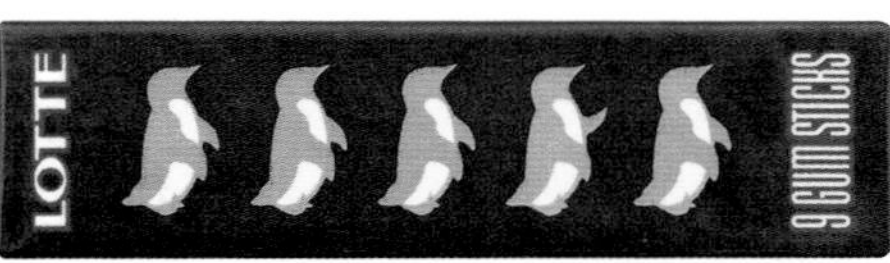

乐天“凉薄荷”口香糖 图案面 （2002）

乐天“凉薄荷”口香糖 JR 车站店限量版 （2006）

乐天“凉薄荷”口香糖 夏季版 （2006）

包装更新前

1994

2002

2004

乐天“凉薄荷”口香糖的设计变迁

LOTTE
GREEN GUM
A LIGHT AND MILD SWEETNESS COUPLED WITH LASTING FLAVOR AND COM-
FORTABLE CHEWINESS. ENJOY THE DELIGHT ONLY POSSIBLE FROM LOTTE.
9 GUM STICKS
MINT BLUE

LOTTE
CINNAMON
9 GUM STICKS
BERGAMOT
LONG LIVE

小小的整理整顿

东洋水产的委托案（1994 年）

在佐藤雅彦的策划之下，我负责商标和包装的设计。在以“Hot Noodle”（热面）为名的商品上市销售之后，我们才接到重建品牌的委托。根据佐藤雅彦的想法，打造了商标中藏有脸孔的“商标代言吉祥物”。这个商标代言吉祥物将通过广告登场并问世。在佐藤雅彦独特的拍摄调性之下，别出心裁的广告制作完成了。然而，店面货架上的竞争商品就是众所周知的名作“Cup Noodle”（杯面）。商品名称确定为“Hot Noodle”，如此一来，让我们面对“Cup Noodle”时总有无可奈何之感。然而，命名一事是厂商决定的，我们无权干涉。其实，厂商当初应该取一个截然不同的名称。

HOT NOODLE
カレー
ホットヌードル
料理長
ヌードル
CHOWDER
魅惑のキーマカレー
KHEEMA CURRY
冬みそ
バター風味
豚骨
北海みそ
バター風味
インドインド
curry
沖縄そば
HOT NOODLE みそ
夏しお
ラーメン
はま塩
トマト風味
インドカレー
カレーうどん
HOT NOODLE カレー
はましお
醤油
がんこ軒
つるまる
きつねうどん
HOT NOODLE しょうゆ
印度
CURRY
HOT NOODLE とんこつ
しょうゆ
HOT NOODLE とんこつ
たぬきそば
鶏しお
ラーメン
はましお
博多
とんこつ
たぬきそば
五目かやく
塩味チーズ
はま塩
FLAVOR
ぴりうま
カレー
しょうゆ
ゴールド
きつねうどん
麻婆カレー
醤油
FLAVOR
豚骨
TONKOTSU
しお
ラーメン
玉ツ星
肉天そば
HOT NOODLE 5
五目海鮮
味噌
FLAVOR
HOT NOODLE とんこつ
はま塩
HAMASHIO
九州長浜屋台の
とんこつ
玉子とじうどん
肉入り
豚骨
FLAVOR

后来，厂商不断推出新商品，然而固定留存在店内货架上的总是 Cup Noodle，Hot Noodle 始终无法成为店内货架上的长销商品。纵形杯面中称王的总是 Cup Noodle。通常，能在最初阶段甘冒风险提升质量，进而大量生产的商品才能够长期称霸业界。在 Hot Noodle 设计案中，有一项保留至今的设计，那是两项与责任相关的警告标志——“注意烫伤”和“不可用微波炉烹调”。我们将其制成了四角形标志，能够横向或纵向并列。在我们专为 Hot Noodle 进行设计时，接获杯面协会的联络，表达希望将其作为认定标志推广使用，我们允诺了这项使用许可。后来，许多杯面上都使用了这两个标志。虽然是小小的“整理整顿”，但至今仍然留存于世。

HOT NOODLE

声音的影像

铂傲海报 BANG & OLUFSEN（1995 年）

铂傲是以生产创新视听系统而驰名的丹麦品牌，这些是我为这家厂商所提出的海报方案。我试着让海报看起来像扬声器，黑暗之中可以看见海、蛋、钉子，各自代表环境、自然制成的物品，以及人工制品，除此之外只有铂傲的商标出现在黑暗的照片当中。我希望这些海报能够让观者在凝视黑暗之时，逐渐听见“声音”。我试着打造像是扬声器般的静谧影像，希望在凝视之时，耳中似乎能够听见波涛声、蛋的鼓动声和钉子的金属声。从影像当中仿佛能够听见的声响，其实是很容易因杂音而遭到磨灭的“微弱事物”。

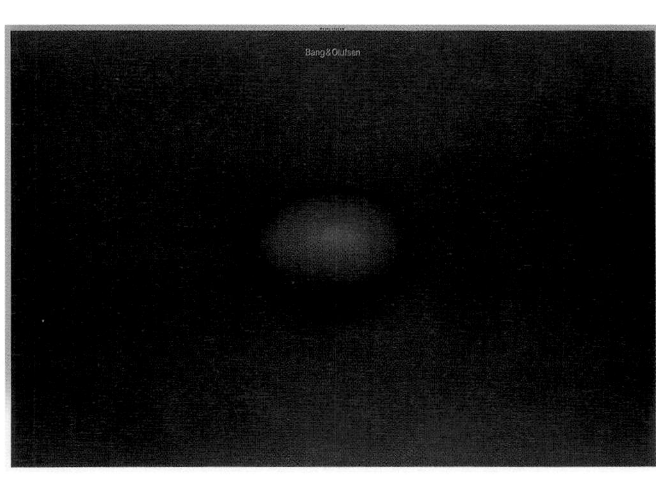
Bang&Olufsen

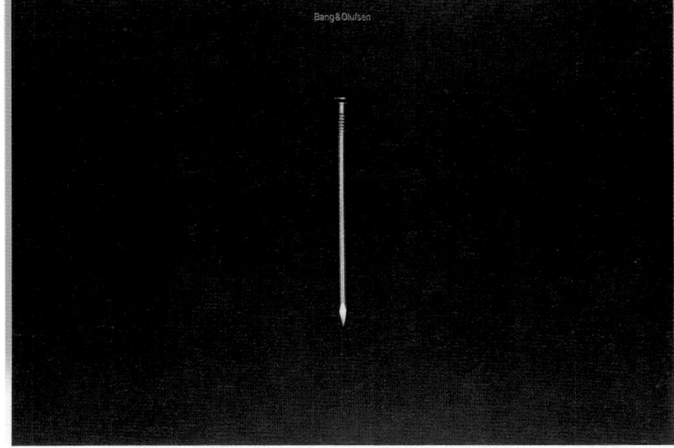
Bang&Olufsen

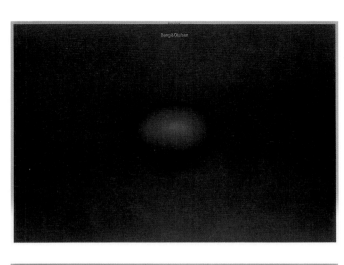

不同于其他一味炫耀强大功能的音响，铂傲的音响有着简素大方的外形，功能一目了然，无须任何赘言，我因此不希望在影像当中加入多余的要素。即使具备最新的视听功能，铂傲却从不大肆宣扬，始终维持着沉稳、关注环保的外观设计——铂傲深知崭新科技能够通过设计对人类有所帮助。外观看似朴实无华，其实却潜藏着崭新技术，我希望将这种商品印象直接反映在影像当中。印刷使用三色的黑、三色的灰，最后刷上掩盖光泽的漆，凸显质感。印刷技术也可算是挑战了极限，照片拍摄则是委托了藤井保。

Bang&Olufsen

Bang&Olufsen

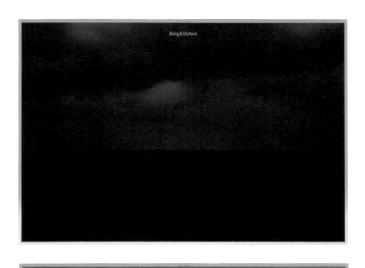

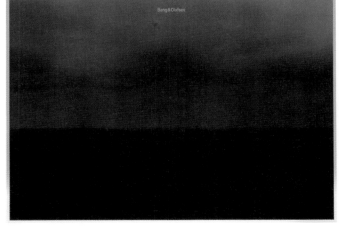

“日本人”这个主题

圣保罗美术馆展览会海报（1995 年）

1995 年，巴西的圣保罗美术馆举办了以“日本人”为主题的海报新作展。首度集结了 23 位日本国内比较年轻一代的平面设计师，各自制作了 4 张海报。这是圣保罗美术馆举办介绍日本的大型活动的一个组成部分，也是这次“日本人”主题的由来。然而，这个主题既宽泛又难解，现在回想起来，对当时的参展成员而言，想必是一道不易“消化”的难题。可是能借着这个机会重新思考日本或日本人，其实深具意义。为了这场展览会，我和其他成员总计 13 位设计师，亲赴圣保罗，和当地的设计师进行深入交流。

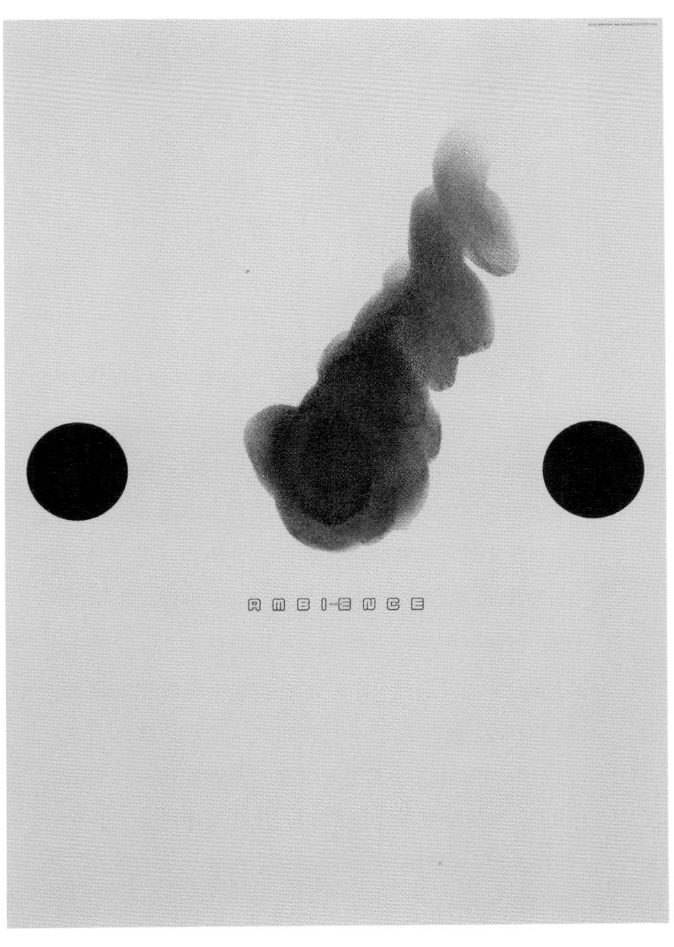
AMBI-ENCE

于是，我们这一代设计师第一次拥有了横向的联系，后来在 2003 年秋天，名古屋举办世界平面设计会议“Visual OGUE”，我们成了核心筹划者，我想这对未来也具有莫大的意义。我希望通过这张海报，将不为海外所知的日本真实的一面转化为影像，于是开始寻找周遭的日常素材。当时在公用电话亭等处张贴的猥亵、低俗、色情行业的小卡片虽然违法，却令我十分好奇：为什么这些小卡片都以如此相同的样式蔓延扩展？之后，我开始着手收集这些小卡片。这些小卡片对于日本的色情行业而言是非常重要的媒介，都是以一目了然的形式制作而成的。我试着聚焦于那些在介绍日本时，通常原本真实存在，却成为“不存在”的事物。

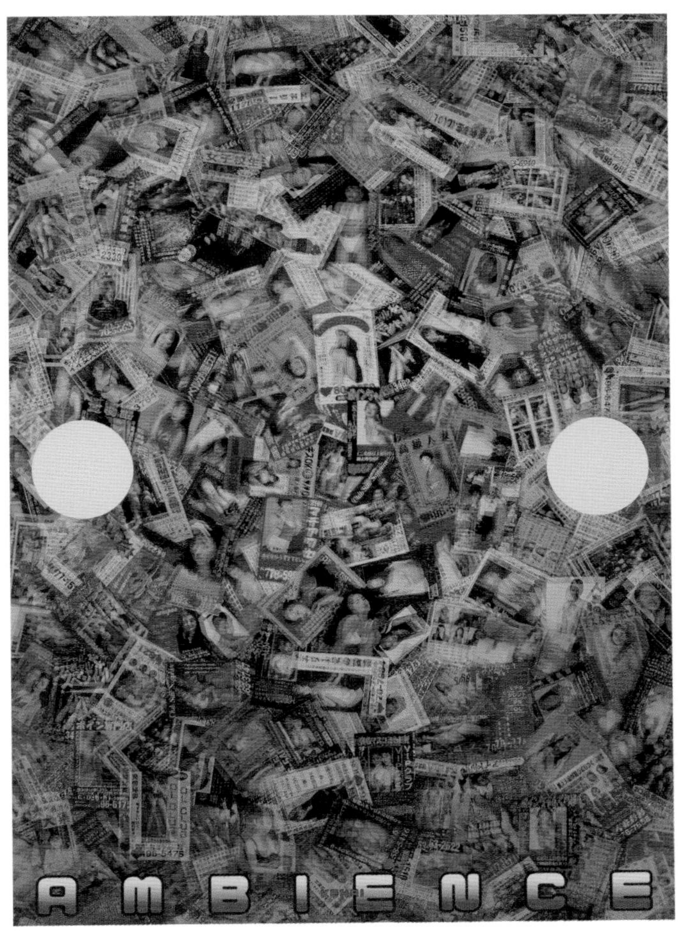

作品名称是“氛围”（Ambience）

世界第一轴心

和纸堂《和纸文化辞典》(1995 年)

长久以来，和纸都是工匠将技巧代代相传的神秘行业。近年来，在合理化精简的现代生活中，手工和纸的世界只有衰退一途。和纸在日本已有千年以上的历史，肩负着传承部分日本文化的重任，是珍贵的文化资源。由常年研究和纸的久米康夫撰文，就职于专业制造和纸的和纸堂公司的浅野昌平，制作了世界上第一本《和纸文化辞典》。我想，此时着手这项工作恐怕是浅野预感未来将再无机会，认为此时不做更待何时吧。我不知道在我参与设计之前，这项工作经历了哪些艰辛。在和纸中，相同的纸常常有不同的名称，或是使用不同的文字，原料处理、漉纸等都是采用产地独特的方式，没有固定的方法。

和紙文化辞典

わがみ堂

由于神秘的和纸世界相当鲜为人知，因此几乎没有相关的研究。在这个暧昧不明、难以捉摸的和纸世界中，这本辞典能够成为贯穿其中的“轴心”。辞典的装帧使用了手工和纸，在翻查辞典之际，能够触摸到和纸的质感；编排尽量不彰显设计感，低调处理，借此凸显辞典内容这一真正的主角。在书盒和辞典之间，插入防止摩擦的塑料薄折板，这是一项崭新的尝试，是为了保护辞典在被拿取时不受到伤害。我认为在和纸与不同材料之间的关系中，潜藏着和纸的崭新可能性。

和紙文化辞典

日本的饮食文化和保鲜盒

保鲜盒（1996 年）

保鲜盒是为了保存、保管、收纳而使用的商品。换言之，使用的场所多半是隐秘收藏之处，例如橱柜、冰箱、衣柜等，而且总是存有多个备用。为此，我提出一个崭新想法，那就是将其设计为从冰箱取出之后，能够直接上桌使用的容器。以往的保鲜盒是为了能够在冰箱中有效收纳而设计的，因此并不会感到任何不便。相较于其他同类产品，这个保鲜盒运用了高端技术实现其密闭性，堪称另类产品。可是它一旦被端上餐桌，在讲究多种陶器餐盘并列的日本饮食文化之中，总会显得格格不入，呈现不可言喻的“寂寥感”。

于是，我和这个项目的企划团队提出一个崭新系列，撷取日本食器的外形，希望打造出从冰箱取出即可上桌使用的日本保鲜盒系列，成品诚如各位所见。不使用时能够相互嵌套，形成一个大的正方形容器，盖上盖后就能轻松收纳。不需要成套销售，可以分开销售。容器侧面折中了日本陶瓷器的线条和西方食器的流线型线条，设计成为能够兼顾日式和西式空间的造型。材质采用较软的树脂，所以即使是容易摔落碗盘的儿童或年长者都能够安心使用。从此，诞生于美国的保鲜盒在遇见日本的饮食文化之后，演化成了能够直接端上餐桌使用的保鲜盒。

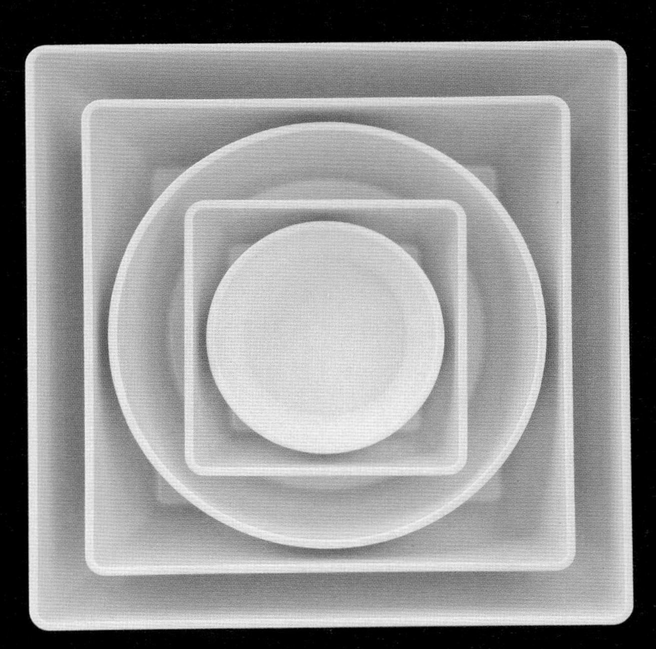

企业的媒介

林原生物化学研究所（1991 年）

为了人类的健康，林原生物化学研究所在科学领域中，不断开发新产品，我曾经负责为林原生物化学研究所做了几款设计。由于产品主要是粉末状，所以需要设计个别包装以及外盒包装。其重点在于通过简单的纸盒设计，能够实现这个目标——通过包装这个媒介必须传达出林原的尖端技术。包装是拿在手上时呈现企业形象的重要媒介，并非挤进一堆密密麻麻的文字就算完成了。人们在看到外观的瞬间，会立刻根据模样对照过去的记忆，并将当下勾勒的印象映入脑海里。

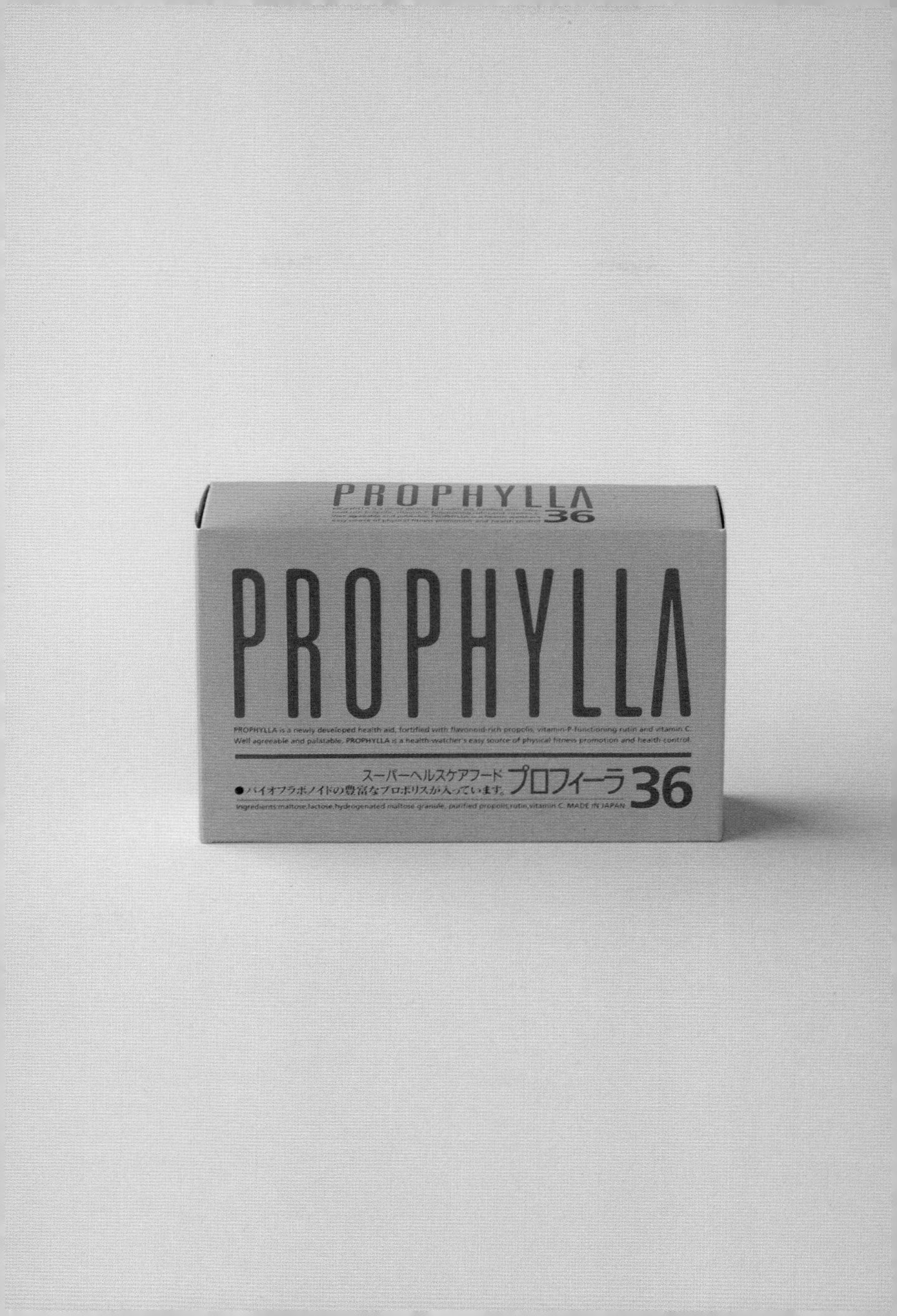

PROPHYLLA
36

PROPHYLLA

PROPHYLLA is a newly developed health aid, fortified with flavonoid-rich propolis, vitamin-P-functioning rutin and vitamin C.
Well agreeable and palatable, PROPHYLLA is a health-watcher's easy source of physical fitness promotion and health control.

スーパーヘルスケアフード プロフィーラ 36
●バイオフラボノイドの豊富なプロポリスが入っています。

Ingredients:maltose,lactose,hydrogenated maltose granule, purified propolis,rutin,vitamin C. MADE IN JAPAN

近来前往药店时，随处可见挤满大量文字的包装设计，多半未考虑到这将会影响到产品的质量。考虑到林原的产品通常都是被陈列在特定的健康食品柜台，并且极具品质感。因此，我判断它不应该采用“贪心”地刊登一堆信息的低俗包装。我决定将重点放在不可或缺的商品名称也就是商标之上，它蕴含了所有重要因素，包括最尖端技术、清洁感、信赖感、健康感等。顺带一提，Prophylla是有自然界抗菌物质之称的高纯度蜂胶健康保健品。这个名称的字母多，不易处理，于是我将众多字母设计成为纵长字体，借此作为商品的个性。

PROPHYLLA

为创作人而进行的设计

作品集的委托案（1991 年）

作品集的装帧和编辑的设计，要先从深入理解创作人着手，并且在其中不能留下任何设计痕迹，必须设法让自己的踪迹从作品集中消失，凸显创作人要传达的讯息。当我从事其他创作人的作品集设计时，都会秉持这种想法。不过，当我和创作人一同讨论时则另当别论。这时，我必须清楚地区分自己的参与身份究竟是设计师还是创作人，或许有些设计师对此毫不在意，我却办不到。对创作人而言，作品集是作品的一部分，因此我觉得最佳方式是创作人站在客观的角度，自己制作作品集。

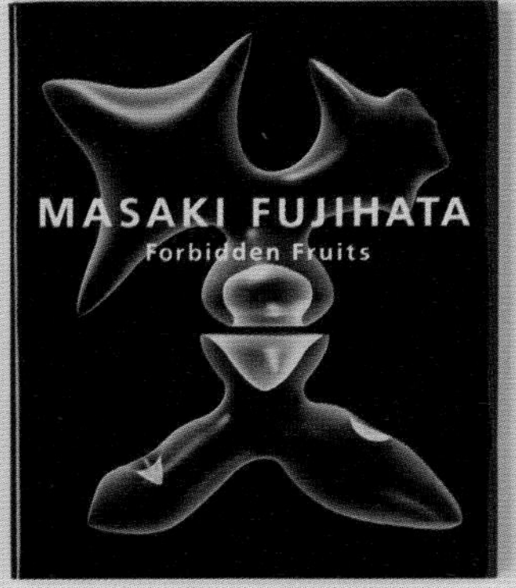

Tony Cragg

URBAN
PRACTICE
TOMOHARU MAKABE

可是，创作人本身并无相关技术，所以才需要有设计师参与。此时设计师需要清楚地了解自己只是一位“翻译”，工作的关键在于提取创作人的想法，了解创作人想通过作品集传递什么，以及创作人未留意之处。随着不同译者的诠释，一个词语会诞生不同的译文；同样的道理，世上有多少身为“翻译”的设计师，设计的类型就有多少种，每种设计当然会呈现设计师不同的个性。我认为个性存在于应对方式中，而不是存在于表现当中。表现来自个性，然而个性化的表现不具有任何意义，因为个性不应只具如此表象的意义。我认为创作人的作品集，只需要抽出创作人意欲表达的精髓加以“翻译”即可，不需要任何多余的设计。

藤幡正樹 作品集 MASAKI FUJIHATA Forbidden Fruits
Libro port

tony cragg
トニー・クラッグ展
豊田市美術館
1997

WASHI AND URUSHI
REINTERPRETATION OF TRADITION
TOSHIYUKI KITA
紙と漆・伝統と復活 喜多俊之

感応
URBAN PRACTICE / TOMOHARU MAKABE
YOBISHA

设计的隐喻

乐天木糖醇口香糖（1997 年）

从白桦树汁等天然材料中萃取的甜味剂木糖醇，因不会造成蛀牙而获得当时卫生署的使用许可。1997年，日本所有的糖果厂商都开始将木糖醇加入口香糖中。早在 20 年前，乐天已经注意到天然甜味剂木糖醇，并以“木糖醇”完成商标登记，也因此得以直接使用“木糖醇”为商品名称并生产销售。这项平面设计的概念就是“口腔”，非常简洁明了。“保护牙齿 = 口腔”是非常简单易懂的想法，所以在设计口香糖之前，我先试着设计了与刷牙相关的产品，然后再验证这些商品的功能是否能够移植到放入口中的口香糖上。

LOTTE
XYLITOL
《SUGARLESS》DENTAL SUPPORT CHEWING GUM
LIME MINT
14 GUM PIECES
EXTREMELY COMPETENT FOR HEALTHY TEETH
TRY THIS TO KEEP TEETH IN A SAFE STATE.
[歯を大切に]
SUGARLESS
XYLITOL IS A NEW AND EPOCHAL SWEETENER.
A UNIQUE COOLING EFFECT WITH XYLITOL.
COOL HERB
PEPPER MINT

迥异的物品，以共通的语言表示，这就是“隐喻”。因为木糖醇本身的概念简单明了，所以我才得以发现这项隐喻，也发现商品本身找不到暧昧不明的事物。能够发现这项隐喻意味着发现了人们共有的普遍性，能够联结人们的记忆、自然获得接纳、日后不会“风化”消失、继续留存的可能性都会很高。既然在木糖醇上发现了“口腔”的隐喻，于是就可以通过搜寻、过滤的方式，制作所有的设计素材，例如颜色、字体等。设计是媒介，物品本身的存在意义过于淡薄的话，设计也只会随之淡薄。这是自然哲理，无以撼动。

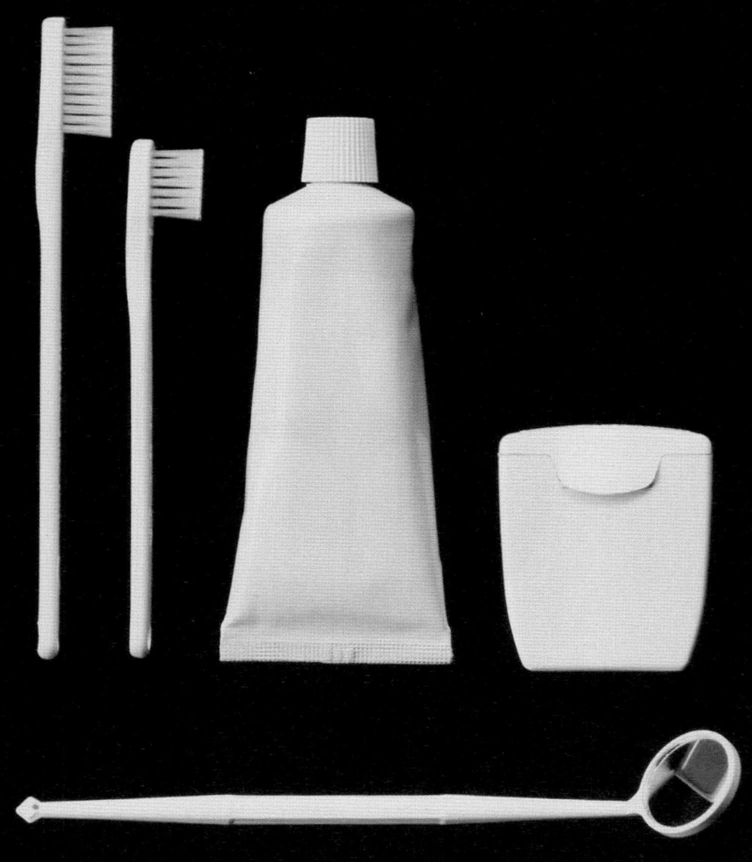

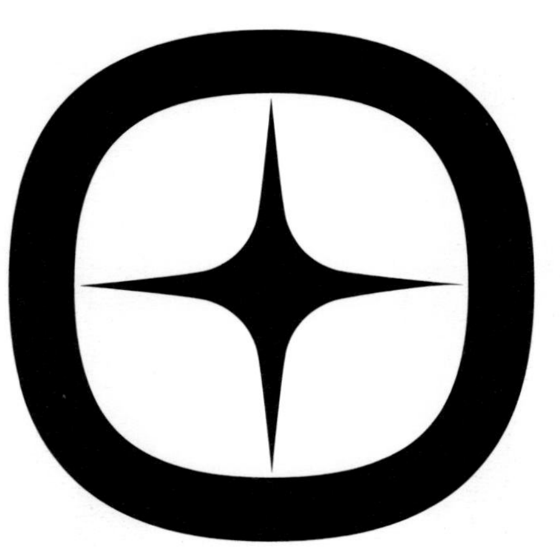

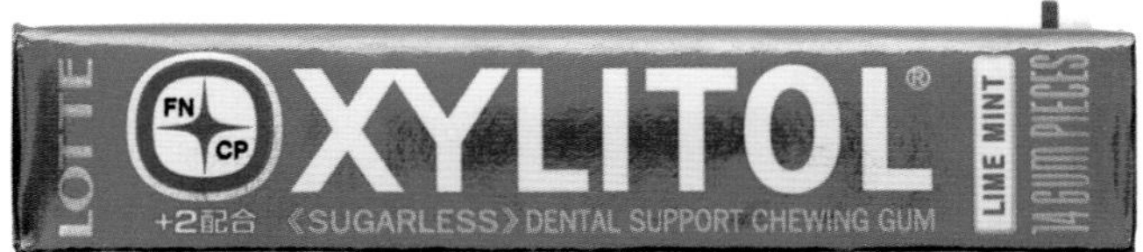
LOTTE
FN
CP
XYLITOL®
+2配合
《SUGARLESS》DENTAL SUPPORT CHEWING GUM
LIME MINT
14 GUM PIECES
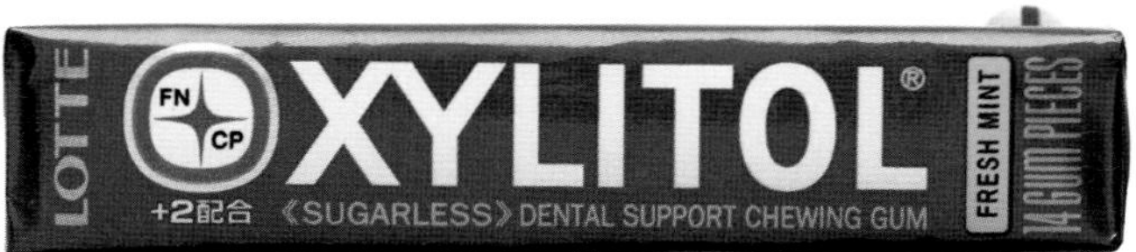
LOTTE
FN
CP
XYLITOL®
+2配合
《SUGARLESS》DENTAL SUPPORT CHEWING GUM
FRESH MINT
14 GUM PIECES
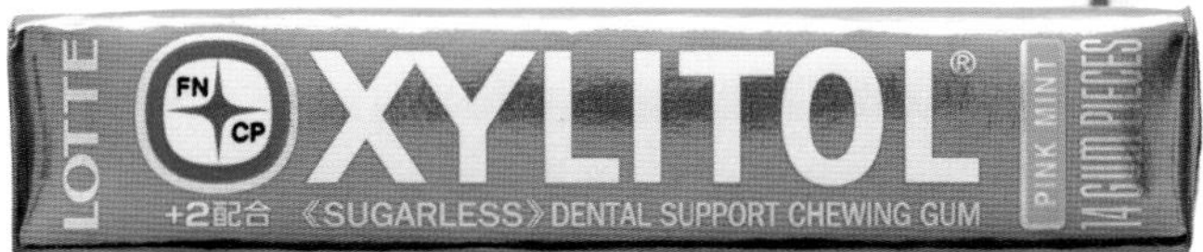
LOTTE
FN
CP
XYLITOL®
+2配合
《SUGARLESS》DENTAL SUPPORT CHEWING GUM
PINK MINT
14 GUM PIECES
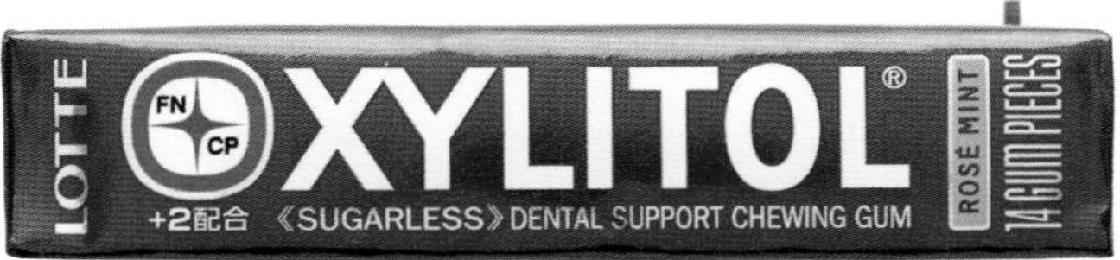
LOTTE
FN
CP
XYLITOL®
+2配合
《SUGARLESS》DENTAL SUPPORT CHEWING GUM
ROSÉ MINT
14 GUM PIECES
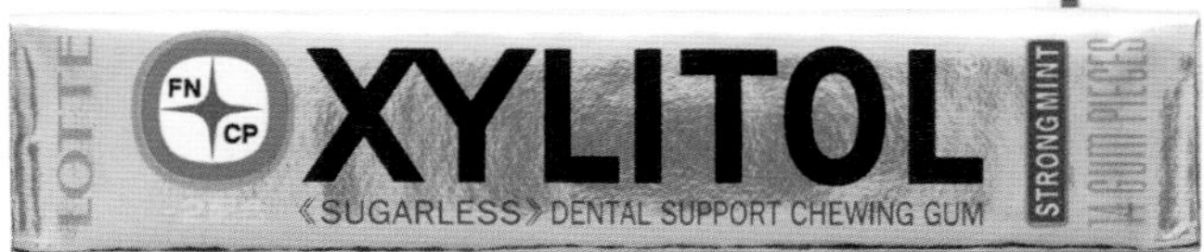
LOTTE
FN
CP
XYLITOL
《SUGARLESS》DENTAL SUPPORT CHEWING GUM
STRONG MINT
14 GUM PIECES

你已经知道了

千鸟屋的委托案（1997 年）

创业于宽永七年（1630 年）的千鸟屋，1964 年从九州进军东京，开起了分店，制造、销售千鸟馒头等多种糕点。我最初参与的是传统西点“Tirolian”的创新研发，这是一种在烘烤饼干中包入奶油的传统西点。我虽然曾经听说过，但脑海中却对它的包装毫无印象。重新查看过以往的包装，确认自己的确毫无印象后，我提出了绝无仅有、能够作为东京伴手礼的设计。我制作了几项方案，其中一项是身着提洛（Tirol）地方民族服饰的 5 个形象。在寻找提洛地方民族服饰的资料时，我发现 19 世纪民族史研究学者奥古斯特 · 拉西内（Auguste Racinet）的民族服饰画。这是发表于 1877—1888 年的民族画，作品的数

Tirolian
STRAWBERRY
Tirolian
VANILLA
Tirolian
CHOCOLATE

量和质量都令人赞叹。我挑选出这些独一无二的人物形象，试着排列组合。在这个过程中，我发现了很有趣的现象，因为是民族服饰集，所以描绘的人物之间毫无关联。这种陌生人之间的关系，仿佛现代东京的人际关系一般。时间是 19 世纪，地点是提洛，人际关系是东京的——我觉得如此一来趣味十足。之后立刻从画集中千挑万选出 5 个人物，进行扫描，手工调整，然后放入包装当中。于是，在这个包装上诞生了东京独有的、奇异的人际关系。而且，我还藏入一个秘密——人物从左至右，依序在说着“Ti、Ro、Ri、A、N”。各位读者，现在你已经知道了这个秘密，一定会迫不及待地想和其他人分享它了吧。

从左至右：Ti / チ ，Ro / ロ ，Ri / リ ，A / ア，N / ン

未知世界的设计

大王制纸怡丽卫生巾（1997 年）

当我接到生理用品包装设计的委托时，才注意到这件我一直以为是远在天边的物品，其实常常近在眼前。日常生活中，这是一件经常会在便利商店或是超市中看到，然而却是自己终生不需要的物品。在店内，男性肯定是无法一直盯着包装端详的。明明是日常周遭、肉眼一直能看到的，却又是“没有看到”的、一种存在于意识之外的物品。我第一次设计这样的物品，首先必须了解卫生巾市场的现状。当我的桌上摆满了市面上销售的样品时，我连什么是“蝶翼”都不知道，也不知道“蝶翼”的用法。一路研究下来，我才知道生理用品正以日新月异的速度在演化和革新。

elleair
elis
Elis-for the active woman who demands comfort.
ワンダーワッフル
スーパー吸収とふんわりタッチ
スリム 15入 レギュラー

这项技术和儿童使用的纸尿裤属于同一个领域。技术人员的工作都是在挑战纸的极限。怡丽已经是上市销售的品牌，厂商仍希望能够大幅更新设计。首先，针对同类产品放置大量信息的包装，我去除了表示内容物的具体图像，然后整理归纳了文字信息，设计打造出清爽的外观，商标也从片假名变更为英文字母。然而，销售量却不尽如人意。我始终无法明白女性“那时”的心理状态。不过面对未来，我认为今后应该采取建立品牌的手法，所以持续参与了数年的设计。有次，我甚至还参与了生理用品里的沟槽设计，那时我才知道这个领域将生理用品的沟槽设计也视为一种媒介。这真是一般男性终其一生都不可能接触的世界啊。

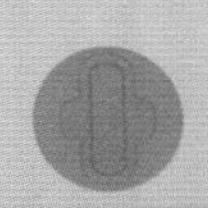

elleair
elis
Elis-for the active woman who demands comfort.
ワンダーワッフル
スーパー吸収とふんわりタッチ
スリムレギュラー 32

我在这里

卫材嘉龄霜（1999 年）

卫材的嘉龄霜（Sahne）是 1954 年发售的维生素 AD 软膏，产品刚刚面市时是以“Chocola Sahne”命名的，品牌至今已有长达半个世纪的历史。最初，我只是受托设计嘉龄霜的包装，后来扩展到 SAHNE 系列所有的产品。在我接手之前，嘉龄霜软膏最主要的设计是斗大的英文字“Sahne”。几乎大部分日本人都不会念“Sahne”这个词，我立刻明白为什么当初会采用这种设计——用英文表示的话既“气派”又“出众”。

ザーネ®
クリーム

不知道从何时开始，日本变成崇尚英文字母的国家，这款设计便能够一窥这种情结的冰山一角。我只是简单地改以又大又抢眼的片假名“ザーネ”来表示，换言之，我只是设计了片假名商标，并让商标看起来很有活力和朝气。我并非想让这个商标看起来是全新打造的，反而希望它看起来是早已存在的。我只想让原本在店里“不为人所知”的设计，成为能够朝气十足地向人宣告“我在这里”的设计。设计常作为掩饰问题的工具，其实只是“急救包扎”，无法解决根本的问题。

ザーネ
Eisai
ザーネ スキンミルク
天然型ビタミンE＋消炎成分 配合
カサつく肌を
すべすべに
全身しっとり乳液
薬用
ザーネクリーム
天然型ビタミンE
消炎成分配合
チョコラザーネプラス
尿素20%配合
硬くなった皮膚の軟化薬

封存的设计

封存设计（1998 年）

有时候，我会想要将设计封存起来。商品不断生产，而包装则不断成为垃圾。产品滞销时需要更新包装，于是旧包装便消失于世间，不会留有痕迹，这个过程不断快速进行着。当我自己设计的口香糖包装成为路旁的纸屑时，虽然是我参与的设计，但也不得不接受这就是设计的最终下场。在设计完成自己的使命之后就会功成身退，这本来是自然规律，然而物质化的东西却会留下来。望着这些处于消逝过程中的物品，我心生一念，想将这些人们视而不见的物品意识化。对我而言，这些平常所见的物品有时会看起来像是迥然不同的物品。

Chewing Gum Design and Works : Taku Satoh / Photograph : Megumu Wada

Enclosed Design ①

这是将视而不见的状态强制意识化的瞬间。对消费者而言，在重复购买的过程中，像口香糖这样的物品已经伴随着时间流逝而逐渐符号化、单纯化，消费者可以省去无谓的程序，尤其是不需要端详设计的细节，只需要在购买的瞬间了解自己要购入什么物品即可，然后就是无意识地动手拿东西、以习惯的动作打开包装。这种符号化的过程几乎已经进入无意识的状态，在人们无意识的状态下不断复制量产。所以在这种迅速消逝的时间中，我想留住这些人们视而不见的物品，并重新审视。换言之，封存的物品其实就是垃圾，即无意识化的物品。

Enclosed Design②

XYLITOL
Enclosed Design③

XYLITOL
Enclosed Design④

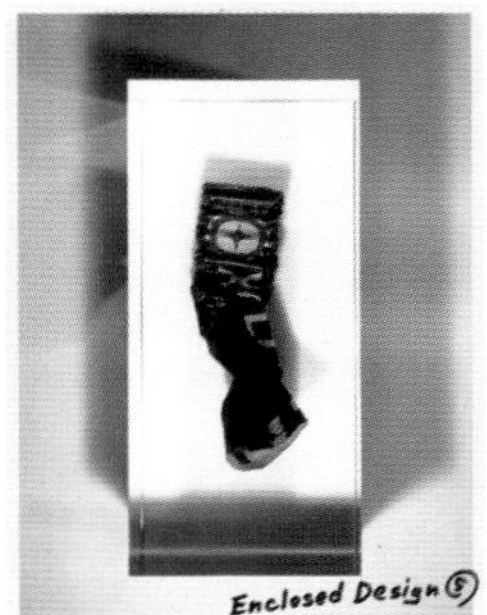
Enclosed Design⑤

Enclosed Design⑥

Enclosed Design⑦

设计的符号性

轩尼诗 NA-GEANNA（1998 年）

这是轩尼诗的创始人李察 · 轩尼诗的祖国——爱尔兰所酿造的纯麦威士忌，是从未间断酿造干邑酒的轩尼诗为了追本溯源、缅怀先祖而策划的项目。此款酒隶属爱尔兰威士忌，“NA-GEANNA”在盖尔语里是“野鸭”之意，象征了 18 世纪时李察像野鸭般从爱尔兰远渡重洋。在开始设计工作之前，我先品尝了这款威士忌。即使是不识美酒为何的我，也能够明白这是轩尼诗不负盛名的技术所酿制而成的绝品。在个性浓烈的爱尔兰威士忌之中加入了轩尼诗独特的温润，形成空前典雅细致的爱尔兰威士忌。轩尼诗的历史悠久，早已是驰名的品牌，这类产品设计追求的是“真正的轩尼诗”。可是，这款酒却不是常年酿造的

Hennessy
NA-GEANNA
WHISKEY FROM IRELAND
PURE MALT
40%vol. 70cl ℮
Hennessy
NA-GEANNA
WHISKEY FROM IRELAND
PURE MALT
Distilled with crystalline water from
Co. Louth in copper pot-stills,
selected by Hennessy, this pure-malt
whiskey is characterised by
its rich mellow flavours.
40%vol. 70cl ℮

干邑酒，而是爱尔兰威士忌，设计的重点正是如何在两者之间取得平衡。在这种情况下，要让消费者在看见酒瓶时觉得是“轩尼诗”，还是“威士忌”呢？眼前摆着两个方向的抉择，前者必须打造“干邑酒风采”，后者必须打造“威士忌风采”。人们通常是在瞬间抽出过去的记忆对照，然后做出判断的，所以必须找出干邑酒的符号性和威士忌的符号性。轩尼诗决定以爱尔兰的符号传递信息，选择了后者，成就了这款酒的设计。在酒标中放入又小又不显眼的盖尔纹，在酒标深绿的背景颜色中，这是个不近看就无法瞧见的细致图案。

望着兄长的身影，设计弟弟

轩尼诗 CLASSIQUE（1999 年）

相较于 6900 日元经典酒款的轩尼诗 VSOP，轩尼诗 CLASSIQUE 定价为 5000 日元，比 VSOP 更易入喉，是带有水果风味的干邑酒，可以说是 VSOP 的“弟弟”。这次设计的难点在于即使实际销售价格较低，但 5000 日元的定价仍算是高价商品，设计必须呈现轩尼诗的高级感，却又不能逾越 VSOP。在干邑酒当中，VSOP 的酒标颜色采用淡色调，呈现优雅、轻快的形象。

CLASSIQUE
Traditional Quality Cognac
Hennessy
CLASSIQUE
Hennessy Classique est un cognac élaboré dans
la pure tradition Hennessy, à partir des meilleurs raisins blancs.
Sa rondeur, son moelleux et sa longueur en bouche sont
les signes d'un cognac bien structuré, apprécié des connaisseurs
qui savent déguster les bons moments de la vie.
COGNAC
JAS HENNESSY & Co-COGNAC FRANCE

高级产品通常以稳重的设计呈现高级感，然而我逐渐发现 VSOP 的设计真的是质量极高的设计。顺带一提，比 VSOP 更高阶的 XO，则清楚地以装饰性酒瓶来展现两种酒款的不同。我深深觉得已经成为经典酒款的 VSOP，在上市时就已经画下了完美的句点，根本没有这款低阶酒款 CLASSIQUE 可以立足的余地。而且基于价格，我必须从现有的酒瓶造型中挑选。在这些制约当中，我一边听取轩尼诗的意见，一边完成了轩尼诗 CLASSIQUE 的设计。这是综合考虑轩尼诗的传统、VSOP“弟弟”的高级感、选择有限的酒瓶造型、销售现场等意见，才得以完成的设计。

Fine Champagne
V.S.O.P
Hennessy
Fine Champagne
40%vol.
70 CL
COGNAC

常年销售的 VSOP

消失这件事情

菲婷资生堂的委托案（1994 年）

我参与了许多资生堂菲婷的产品设计，而这些设计很多都已经消失了。设计最初当然不是以消逝为前提的，设计也不是功成即可身退，直到现在我对这些设计仍然爱不释手。每次设计菲婷产品之前，总是要先和客户讨论主要方向，并进行调查，不断调整，直到产生最终版本，在这个基础上还得进行精细到 0.1 毫米的微调工作，才能够得以完成。每件作品都经过精心设计，并希望能够成为经典产品，大都是以能够永存于世为前提进行的全方位讨论。然而为什么这些设计还是消失了呢？我不禁想要好好思考这个问题。这些产品陈列在店面空间有限的便利商店或药店等零售店，因此各个厂商都认定最大难题在于产品如何能够

SOLID SPRAY
ボルティ
COLOR EFFECTOR
ボルティ
カラーエフェクター（ゴールド）
微香性
neue
SHISEIDO
neue MEN'S
NATURAL AIRY MOUSSE
BOLTY
SUPER SOLID
MOUSSE
ボルティ
neue MEN'S
NATURAL AIRY MOUSSE
BOLTY
WAX MOUSSE
BOLTY
SOLID
GEL WATER
微香性
BOLTY

上架，并为此不断讨论。现在，零售店比厂商更具有渠道能力。对厂商来说，产品无法上架，一切都等于白做。所以厂商往往要投入大量广告，或是暂时买断店面空间来保证产品上架，耗费了大量的人力和资金。图中这些我曾经参与设计的商品，并未获得足够的店面空间，也没有大量的广告推波助澜。即使推出了广告，也只有短期效果，然后就是必须“自立自强”。于是，它们逐渐被其他品牌的商品挤出店面，进而消失。问题出在渠道拥有过于庞大的力量，物品和人之间的关系已经遭到扭曲，产生物品不断淘旧换新的关系，更连带衍生出了环境问题，实在有必要重新审视渠道、商品和人的价值观等所有因素。

neue
ノイエ
シルエット自在に
CHANGE &GO
ドラマティカルストレート
HAIR STYLING MOUSSE
neue
ノイエ
シルエット自在に
CHANGE &GO
リアルムーブ
HAIR WAX
質感自在に
CHANGE &GO
シャイニーアクア
HAIR STYLING GEL
neue
MEN'S
WILD TWIST WAX
AGRÉER
HAIR GELLING WATER
ヘアジェリングウオーター
肌ぷるエッセンス
neue MEN'S
SUPER HARD MOUSSE
neue
ノイエ
質感自在に
CHANGE &GO
シャイニーアクア
HAIR STYLING GEL
neue
ノイエ
シルエット自在に
CHANGE &GO
W-ウエーブ
HAIR STYLING MOUSSE
AGRÉER
HAIR SMOOTH WATER
うるおいのこして、自然にかえる
CEU
セウ
コンディショナー
SHISEIDO

寄托在一张海报上的想法

冲浪主题海报（1999 年）

这张海报诞生于 1999 年，是为了 2000 年举办的“给 21 世纪的信息展”而设计的。展览会场位于东京银座松屋的设计画廊，总计有 20 位日本国内的平面设计师参展。展览会由九州岛熊本的 MANA SCREEN 公司负责策展、日本设计委员会主办，参展者可以运用 MANA SCREEN 公司的丝网印刷技术制作展品。我挑选“冲浪”作为参加这场展览的主题，没有其他原因，只因为这是我自己的最爱。从冲浪当中，我学习到许多关于环境、自己和设计的关系。环境就像是自己身处波浪中的状况——大气、月球引力、重力、低气压的位置和风向，以及自己的身体，都是环境。自己是什么呢？即属于环境之中的身体，以及身体之

MESSAGE FOR THE TWENTY-FIRST CENTURY / SURFER & DESIGNER : TAKU SATOH

外的自己，例如“意志”“感情”“想法”等。冲浪板串联起这些关系，而设计就是操纵这块冲浪板的所有行为。我逐渐开始明白，设计对我而言究竟是什么——在波涛汹涌中，以自己的一点点力量体验海浪的力量；乘浪而行，在大自然产生的波浪之中感受到自己“被操控摆布”。在浩瀚的大自然中，海浪循循善诱，引发了人类的各种行为，令我认识到人与环境的关系，冲浪手的身体早已熟知这种关系。存在于环境中的自己，在设计之中什么可行，什么不可行？在乘浪而行之际，总是令我思及这个问题。因此，追加制作右页的海报，成为两张系列海报。

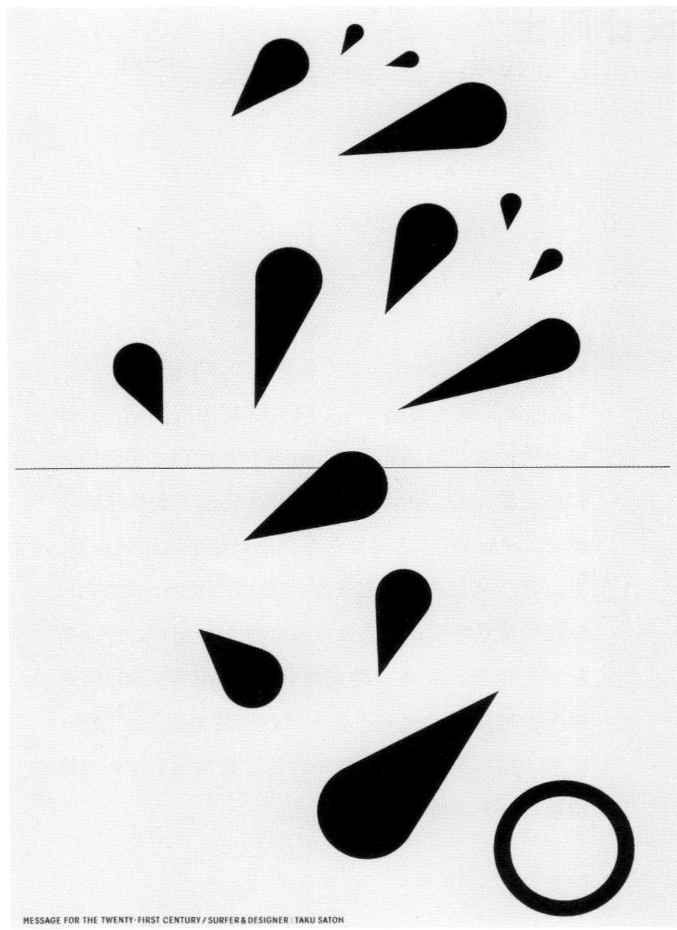
MESSAGE FOR THE TWENTY-FIRST CENTURY / SURFER & DESIGNER : TAKU SATOH

设计风土

OKESA 制果“柿之舞”甜品（1999 年）

“柿之舞”是佐渡岛[1]的 OKESA[2]制果的商品，一种柿饼中包入豆沙馅的甜点。是我所属的日本平面设计师协会策划的“设计商队”活动，促成了我参与这项设计。“设计商队”活动号召专业设计师协助地区商家，为土特产礼品设计。首先是用简报介绍自己的设计，商家如果认可设计，就会与设计师签订契约，产品就能上市销售。我最初的提案是 5 个装的包装，但是碍于价格问题，改为了 3 个装，最后得以签约销售。土特产礼品的包装设计并不容易，如果没有呈现当地特色，就无法成为土特产礼品。

柿の舞

最近，土特产礼品的设计似乎专门有一些设计师承接，渐呈大同小异的情况。土特产礼品本来应该是当地或是店家自己设计的，才能具有与众不同的特色。土特产品的设计应该诞生于当地风俗，根本不需要充满匠气的设计。佐渡流传着许多古老的传说，让我脑海中浮现着纯真与朴实。用心设计这款豆沙柿饼，只希望能够为这些极富个性的土特产礼品和这个活动搭上线。土特产礼品的设计必须表现出属于当地的风格，是深具意义的工作，光是理解这一点就已是莫大的收获。

1　位于九州以西的日本海海域，以金矿众多而著名。

2　原意是九州港口的酒宴助兴歌谣，经由水手传唱，也成为佐渡的小木、越后等港口的歌谣。其中，佐渡的歌谣，略显悲调的曲风，搭配优雅的舞蹈，成为日本民谣的代表之一。

おけさ
柿の舞
柿の舞
柿の舞
柿の舞

满怀感激的赠礼

志贺昆虫（1999 年）

位于涩谷宫益坂的志贺昆虫，向来是我隔三岔五造访的地方。公司的正式名称是志贺昆虫普及社。除了销售昆虫研究的相关用品，志贺昆虫还经营所有的生物研究用品。我向来对特殊类别的制品十分感兴趣，我想昆虫采集箱应该没有设计师经手设计过吧。它们的制作通常只需考虑昆虫采集者使用的便利性，木工加工厂得知后，完全按照这种要求制作。制作过程中并没有设计师的参与。我也不明白为什么自己会被这种毫无人工效果的物品吸引。或许，在我们周遭的环境中有太多的物质都是为了吸引人而存在的，所以我对唯独针对观察昆虫而制作的物品会产生兴趣。通过观察昆虫，可以知道整个世界的变化，

昆虫植物研究器具

创业于昭和六年

涩谷宫益坂上

志贺昆虫普及社

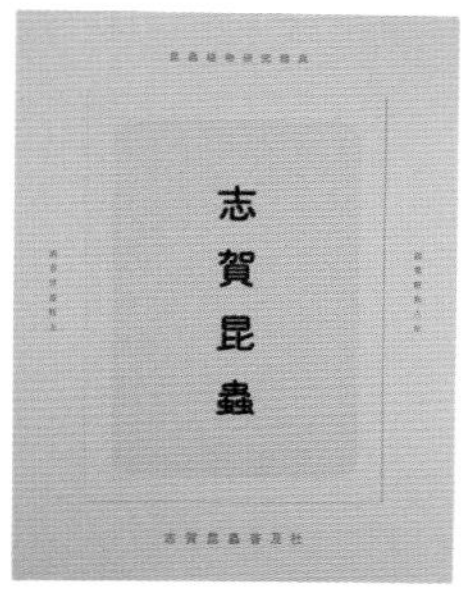

也可以感受到环境的变化。很可惜，我现在很难分神去搞昆虫采集，然而小时候我曾经一头栽进昆虫的世界，根本不知道这是一件意义深远的事情。我注意到信息本身并没有改变，改变的只是我自己。那些原本无关紧要的事情却开始逐渐影响我自己。这 4 张图片要感谢志贺昆虫普及社提醒了我，让我注意到这些道理。虽然深知是自己一厢情愿，不过能取得店家的许可，制作后展示在店里还是很令人欣慰的。我限量制作之后，就把设计品交给了店家。

插图是委托深津真也协助制作的。

昆虫植物研究器具

涩谷宫益坂上

创业于昭和六年

志贺昆虫普及社

抽出记忆的包装

P.G.C.D. 化妆品（2000 年）

P.G.C.D. 将洁肤和保湿作为保养肌肤的基本步骤，从而实现高品质肌肤的简单保养。它包括 3 种基本产品，分别是夜用香皂、日用香皂和乳液。身为设计师的我从策划阶段就开始参与这个肌肤保养系列的研发。由于采用邮购的销售方式，所以设计可以增添许多在店面销售时无法实现的选择。店面销售时，渠道成本、店家利润、人力成本、店面销售宣传物料、庞大的广告费用等，都会反映和加到商品的价格里；邮购则不需要花费这些成本，设计时能够最大化地在商品本身使用优良素材。包装是顾客直接触摸的媒介，如果能够细心制作就会占据很大先机。

P.G.C.D

此系列产品的目标消费者是那些过去曾经尝试过多种保养品，经验丰富的人群，因此被预设为人们在寻寻觅觅之后终于如愿入手的商品。回顾以往的化妆品，大多是为了取悦男性、遮掩修饰外貌而存在的，而现在越来越多的人发现其实只要女性的肌肤健康就是最美的。整个系列的商标、香皂、瓶身、包装、使用说明书、名片、信纸等平面设计，以及发售时的杂志广告，我都全部参与。简单朴实的肌肤保养系列，必须能体会到那些已经使用过多种护肤品顾客的心情，那就是省略不必要的因素，却仍然可以漂亮美丽。女人的心理难以捉摸，针对系列护肤品，我从一开始就非常注重触感，因为我认为包装就像是一种装置，能够唤醒人们经过视觉和触觉烙印下的丰富记忆。

P.G.C.D.
P.G.C.D.
P.G.C.D. JAPON
Thank you very much for your order. We are pleased to enclose your statement.
Statement
Method of Payment
Description
Quantity
Unit Price
Consumption Tax
Grand Total

理解环境，发现共有事项

RMK 肌肤保养系列（2000 年）

在纽约彩妆师宏濑留美子（Rumiko）的品牌 RMK 中，我负责了肌肤保养系列的设计。因为这款产品主要采用的是从水果中萃取的有效成分，所以我着力以颜色表现出水果的印象。主要采用能够回收再利用的宝特瓶材料，而且这样可以让消费者看见包装里的东西。以纽约为活动据点的留美子具有利落、洗练的风格，我选择了在科学实验室中常见的量筒作为创意点，我的设计提案以细长圆筒外形为基础。不同于彩妆，基础化妆品的目标是多次购买，所以要简洁而兼具个性，不能让消费者在购买一次之后就感到厌倦。

RMK CLEANSING GEL
RMK CLEANSING OIL
RMK CLEANSING MILK

瓶颈部分施以古典玻璃瓶常见的“瓶盖终点”凸缘环形处理。在这款瓶子细长简洁的外形中，加入些令人安心的古典要素求取均衡，不使其过度简单。这类为女性提供的商品如果设计过于“极简”，反而会形成疏离人群的印象，容易缩窄目标范围。这项委托案完成时要特别留意彰显艺术家的气息，如果不能呈现艺术家的个性，产品的存在就毫无意义了。设计的重点在于，必须充分理解产品所处的环境，然后设法激发出环境具有的潜力。尤其是商品的设计，随意施加设计师自认可行的造型绝非正确，重点是必须找出众人共有的事物。

RMK SKINTUNER 1
RMK SKINTUNER 2
RMK SKINTUNER 3
RMK SKINTUNER 4

RMK SOAP BAR

RMK NIGHT DEW

RMK CREAMY SOAP

操作记忆的实验

东京艺术指导俱乐部大展 2000（2000 年）

我是东京艺术指导俱乐部（Tokyo Art Directors Club）的会员，受命要肩负起 2000 年所有活动艺术总监的重任。每年 5 月，所有的会员将严格审查日本国内多位艺术总监的作品，并给优秀作品评定和颁发奖项，每年 7 月举办展览会，每年 12 月则会发行该年度的年鉴，同时举办盛大的颁奖典礼。这一连串活动每年都会指定一位会员负责执行。为了整年度的计划，我制作了高两米的 ADC 机器，外形呈现着 20 世纪 50 年代的风格，恰巧是东京艺术指导俱乐部创设的年代。在正面的按钮上，显示着全体会员的姓名。机器中内设了计算机，按下按钮后文字信息会出现在小窗口中，依照指示操作就可以获得想要搜索的数据。

ADC

在 3 月的作品募集要点中，会出现小小的钥匙形符号。在 7 月的展览会告知海报上则是又脏又旧的机器登场。这时候,没有人知道其实这是全新制作的机器。12 月年鉴完成时，在封面上附赠金属纪念章。当这枚纪念章投入 ADC 机器之后就能够获得东京艺术指导俱乐部的信息。12 月，颁奖典礼的会场中将会摆设闪闪发亮的 ADC 机器。此时，大家已经分不清时间的先后顺序，只有追忆到 3 月募集要点的人，才能注意到这一连串精心的设计。在 12 月的典礼会场中，邀请出席者利用年鉴封面附赠的纪念章进行操作。我的这项精心设计，或许无法引起任何人的兴趣，但对我而言却是一项宝贵的长期实验。

Tokyo Art Directors Club annual 2000

ADC2000

ADC2000

annu al

ADC
2000
TOKYO
TOKYO ART DIRECTORS CLUB

TOKYO ART DIRECTORS CLUB
2000
ADC

ADC
TOKYO
TOKYO
2000
TOKYO ART DIRECTORS CLUB ANNUAL 2000
ADC
TOKYO
TOKYO
2000

GINZA GRAPHIC GALLERY / 2000.7.3(MON)–7 .26(WED)
CREATION GALLERY G8 / 2000.7.3(MON)–7 .28(FRI)
DDD GALLERY / 2000.9.8(FRI)–10.12(THU)

2000 TOKYO ART DIRECTORS CLUB EXHIBITION

ADC展

GINZA GRAPHIC GALLERY / 2000.7.3(MON)–7 .26(WED)
CREATION GALLERY G8 / 2000.7.3(MON)–7 .28(FRI)
DDD GALLERY / 2000.9.8(FRI)–10.12(THU)

2000 TOKYO ART DIRECTORS CLUB EXHIBITION

ADC展

方便运用的舞台

《日经设计》杂志设计（1999 年）

这是我负责设计的《日经设计》杂志的封面样式。委托内容是“在未来将更换不同艺术总监负责设计的前提之下，希望打造出封面和封底相互关联的设计样式”。这本杂志不在店面销售，而是采用直接订购的方式销售，所以，如果封面一成不变的话，很容易令人厌倦，以至于收到后直接上架保存，根本不阅读内容。因此，我了解必须打造一个“得以容许变化”的设计，换言之，这款设计要在附有主要图像时，能够将其凸显出来，成为崭新的样式。首先，我将以日文书写的商标，变更为英文的“Nikkei Design”，如此一来，商标就能够成为一种符号，将意识焦点转向了图像。

NIKKEI DESIGN

IT時代のデザイン戦略

1
2000

对日本人而言，日文能够瞬间理解，容易成为目光聚焦的对象。因此我逆向操作，利用对日本人而言更像是一种符号的英文。这个符号性的商标，永远列于封面的最上方一行，不管下方是哪种图像，仍能保有身份识别。后来遵照这个样式，由每半年更换一次的艺术总监负责封面。现在艺术总监虽然不再更换，但仍在遵照这个样式。打造能够衍生无限可能性的设计，就像是建造一座舞台，没有任何华而不实的矫饰才容易运用。

NIKKEI DESIGN

日経デザイン7月号
（毎月1回24日発行）
2000年6月24日発行 第157号
1987年8月18日
第三種郵便物認可

日経BP社
〒102-8622 東京都千代田区平河町2-7-6
印刷：大日本印刷株式会社
定価2,100円（本体2,000円）
購読料金1年（12冊）[illegible]
Printed in Japan

衍生无限可能性的两点

蓝色音符 adding:blue 酒吧餐厅（2001 年）

爵士乐团“蓝色音符”为了给乐迷提供在现场演唱会前后悠闲度过的空间，在东京开设了一家兼有酒吧的餐厅，是纯用餐也无妨的成人餐厅。现今目标对象设定为年轻人的店面众多，而这里的店内装潢，采用的是成人能够安稳用餐的设计。我负责的是 VI（Visual Identity，视觉识别系统）的设计。店名已决定是“Adding Blue”。在这两个单词之间，我插入了两个纵向排列的点（：），以此强化形象，颜色则决定采用有别于“蓝色音符”视觉识别的蓝色。

adding : blue

adding 中的“add”是加入、补足、添加之意。纵列的两点，意味着原有的一点，再加上一点。而且日常中经常使用纵列两点，所以任何文字软件中皆有，容易使用。商标的文字，刻意不主张经过设计的个性，而在“之间的点”添加不做作的个性。商标个性低调，通过两点显现图像整体的印象。简单的两点不需拘泥在商标之中，而是具有无限的表现范围。商标对店面而言，就是招牌，这类设计最重要的就是商标类型。然而常常在商标制作阶段，店面或餐点都还未成形，所以导致设计师不自觉地过度设计商标。

脑海中的交集点

BS 朝日电视台标志（2000 年）

BS 朝日电视台标志，在经过比稿之后，我制作的“A”标志中选。这个标志，我打算制作出像糖果般“看起来甜美诱人”的效果。对接收信息者而言，这是具有糖果般诱人的印象；对传送信息者而言，则能够提醒自己肩负着不断传递诱人信息的使命。标志中蕴含的意图是否能够传递给公司所有员工，还是一大疑问，不过这个制作意图其实是后来追加的。灵感就像是脑海中的交集点——客户交付的课题、附加的条件、必要事项的确认，突然地，一个毫不相关的隐喻（这里是糖果）在脑海中冒了出来，此时这些原本毫无交集的线瞬间交会。这个瞬间就是所谓的“灵感”，设计就像是在等待这一瞬间的事物。这个标志使用大写字

母，算是缺乏新意的一贯手法，不过，开始在脑海中描绘着自由、有机、柔软、光滑的“A”，等到逐渐成形时，脑海中浮现出了“糖果”。在那瞬间，我脑海中还浮现出“立体”这个想法。用手描绘是将主观化为客观的行为，借由这种行为，通过手的触觉和眼睛的视觉，将自己的行为从外部送至脑内。在设计过程中，常常都是经由这种主观和客观的变换，发现所谓的“瞬间”。为了比稿，我交出了几项提案，不过只有这项提案是源于灵光乍现的瞬间。灵感，或许真是拜上天所赐。

BS Asahi
BS Asahi

BS Asahi
BS Asahi

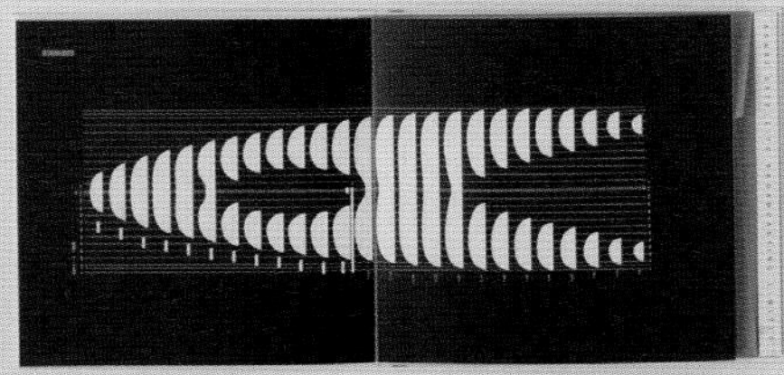

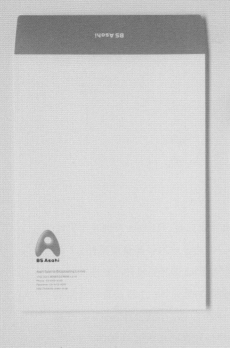

“原有风味”的设计

明治乳业的委托案（2001 年）

2006 年，明治好喝牛奶已经茁壮成长为拥有压倒性市场占有率的牛奶。牛奶设计的必要事项是什么？首先，我分析了以往“牛奶风格”的设计，发现了两大方向：一是用色大胆的平面设计，二是呈现牧场氛围的田园式设计。在这个阶段，这些方向必须进行验证。在已经归类、广泛获得一般大众认知的产品中，投入全新产品时，这道验证步骤是绝对不可或缺的。可是好喝牛奶最后却未追随任何一个方向，这是因为，这瓶牛奶在杀菌过程中，采用了尽量抽除氧气的新方式，口味近似新挤的牛奶。

品　質
保持期限
（開封前）
あけぐち
乳脂肪分3.7%以上
MEIJI
明治おいしい牛乳
明治
おいしい牛乳
新鮮をしぼる自然のよろこび
種類別
牛乳
生乳100%使用
成分無調整
ナチュラル テイスト製法

这是希望尽量提供新挤牛奶的原有风味的做法。原有风味应该如何表现在牛奶的设计上呢？原有风味是一种无法触摸的事物，毫无人工的介入。可是，牛奶包装需要实际的文字、数字等不可或缺的平面设计要素。这些不可或缺的要素要如何呈现，才能够看起来是“原有风味”呢？或只是一般普通的事物呢？强调自然，描绘牧场并不等于是自然。明治好喝牛奶一案，其实就是寻找原有风味的过程。这种冰箱中的常备食品，再普通不过了。普通，就是和周围融合、成为周围的一部分，进入几乎是无意识的领域。这个领域，对我自己而言，也还是个未知的领域。

乳脂肪分3.7%以上
明治おいしい牛乳
明治
おいしい牛乳
新鮮をしぼる自然のよろこび
種類別
牛乳
生乳100%使用
成分無調整

设计是什么

“设计的解剖”展（2001 年）

“设计的解剖”是日本设计协会的活动，是以银座松屋设计画廊的展览会为主轴，进而展开的。展会挑选的解剖对象都是日本国内知名的物品，例如乐天的木糖醇口香糖、富士胶卷的可抛式相机、Takara 的莉香娃娃、明治乳业的明治好喝牛奶等商品。2003 年，我参加了六本木 AXIS 画廊的“这是什么啊？A-POC 展”，并在展览中设置解剖室，在展示全新作品的会场中，进行解剖和展示。这项活动的目的在于引导我们去注意原以为熟悉、其实却并不知道的周遭事物，于是会场成为一个不断遇见自己和隐藏信息的学习场所。

LOTTE
XYLITOL
LIME MINT
《SUGARLESS》DENTAL SUPPORT CHEWING GUM
「歯を大切に」
キシリトール・ガム
LOTTE

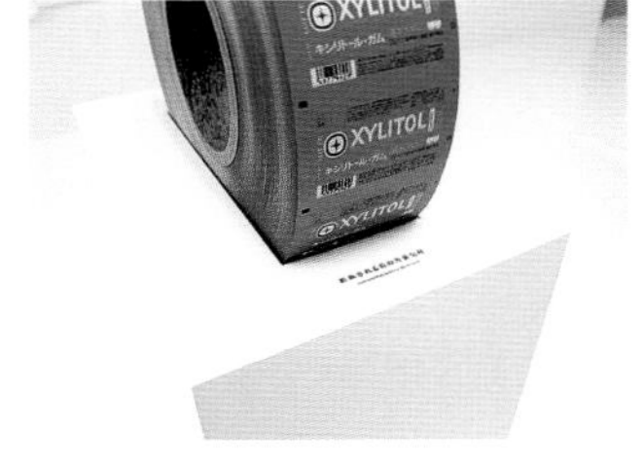
XYLITOL
XYLITOL
XYLITOL

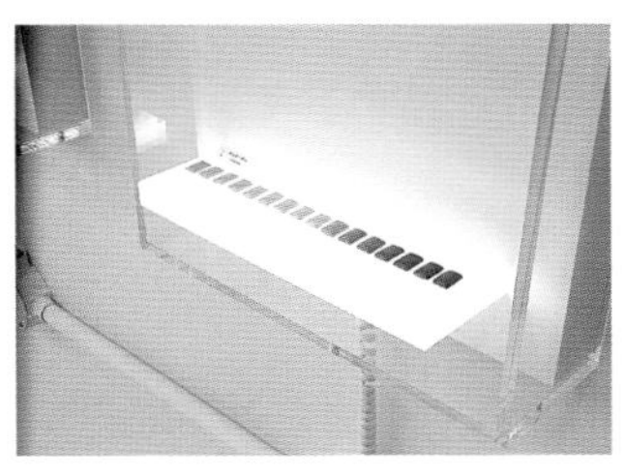

解剖通常是对生物进行的行为，在这里则变成了对人类制造的产品进行深度解析的行为。那些人类日常生活中常见的无关紧要的事物，在 20 世纪后半叶技术急速发展累积和第一线工作人员更迭轮替的背景下，现在恐怕已无人能够全盘掌握和了解了，所以才必须检验物品的由来并加以记录。通过这项计划，我逐渐明白几个道理——“设计”这个行为，已经如同社会基础建设一样发挥实际功能；设计不是制作物品，而是联系人和环境的媒介；物品是信息的入口。在这个“设计”一词泛滥的时代，很有必要重新审视设计究竟是什么。

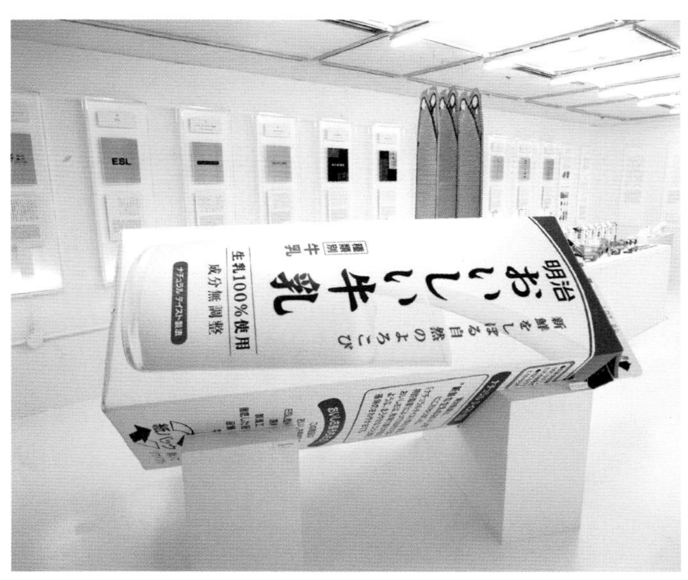
ESL
明治
おいしい牛乳
新鮮をしぼる自然のよろこび
種類別 牛乳
生乳100%使用
成分無調整
ナチュラルテイスト製法

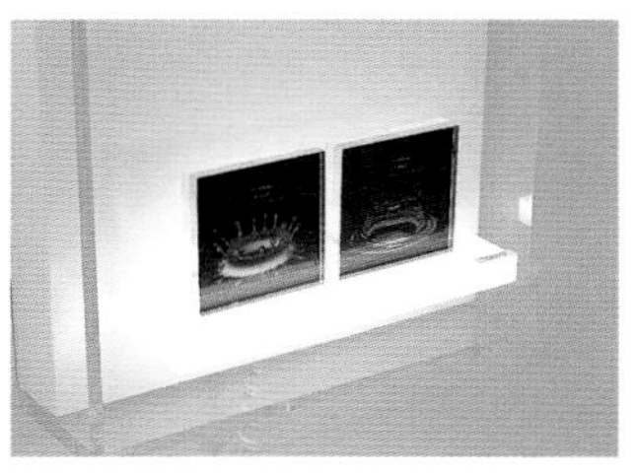

2003 年参加 A-POC 展（六本木 AXIS 画廊）

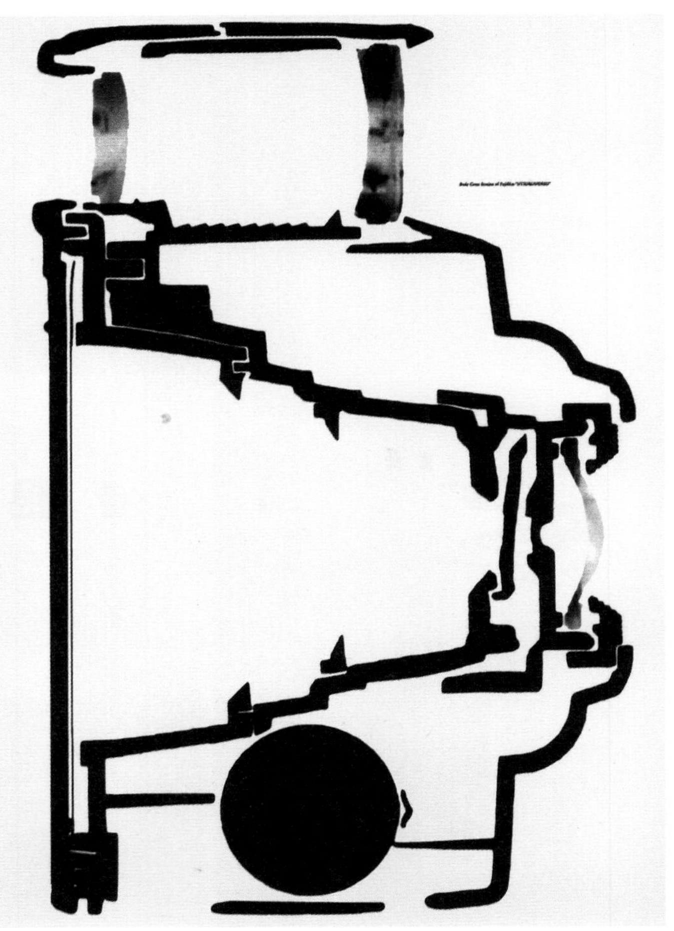

Analysis of the Massproduct Design

デザインの解剖③＝タカラ・リカちゃん

JAPAN DESIGN COMMITTEE

以使用为目的的设计

狮王香皂（2002 年）

这个以香皂为主的商品系列，是狮王于 2001 年发售的产品。通常接到大厂商生产的香皂等产品的委托设计，设计师总被要求以销售为目的进行设计，包括在店面要比其他品牌的产品更显眼、更大等要求。不同于一般大厂商的产品，这个系列的产品由系井重里策划，目标是在网络渠道以及喜欢产品本身的精品店销售。我们期望不是“以销售为目的”的设计，而是“以使用为目的”的设计，我们以“每样都有一个中心思想”为宗旨，提出了许多方案。其中几项方案最终被采用，从而得以生产。设计的整体色调采取低调风格，能够轻易地融入生活环境之中。这个系列的香皂属于“生鲜型”，使用了不能长期保存的原料，换言之，就是

GUEST & ME

具有新鲜的特点。因此，我们没有为香皂设计新造型，保留了香皂出厂时切开之后的形状。以食物来比喻的话，“新鲜”就是没有经过人工介入，这样食物才会甘甜美味。由于香皂有香气，它还能够直接成为室内熏香剂，包装外侧的厚纸框，在开封之后正好成了放置香皂的展示台。但是我故意没有将这个用法写在包装上。当使用者打开包装拿出香皂，想要找个摆放它的架子时，会就会发现香皂的长方形和框洞的长方形是一样的。这是要自己发现才能注意到的设计，也是一种“以使用为目的”的设计。

GUEST & ME
GUEST & ME
GUEST & ME

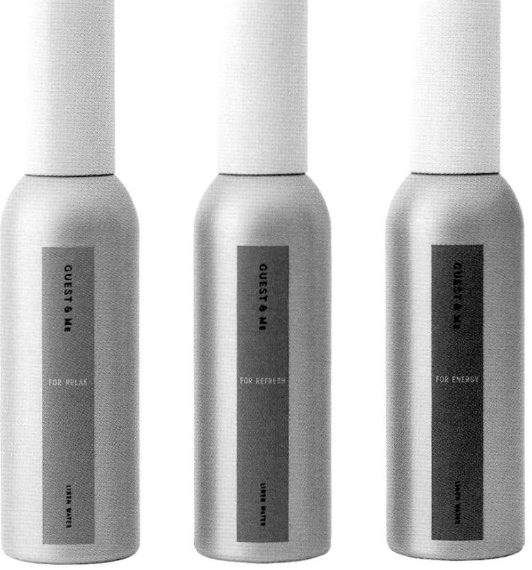
GUEST & ME
FOR RELAX
LINEN WATER
GUEST & ME
FOR REFRESH
LINEN WATER
GUEST & ME
FOR ENERGY
LINEN WATER

看得见、看不见的设计

大塚食品的委托案（2002 年）

这是我负责的大塚食品的大众消费性食品包装设计。这类产品的包装设计必须首先充分考虑环境问题，其次才是如何展现品牌风格，以及“看起来好吃不好吃”。如果食品本身的确很美味，那么能够采用展现食品的透明包装材料直接展现当然就是最佳方式。我最近前往超市时，发现了一个不同于以往的明显变化——相较于以前，许多即使看起来不太美味诱人的食品，也开始直接以透明包装呈现。我认为这是源自消费者对于遮盖食品的盒状包装的不信赖感。无论看起来是否美味诱人，满足消费者想要知道食品实际样子的需求，采用“信息公开”的包装才能赢得信任。这种剧烈变化，来自人类对信息认识的变化。食品发生状况

For your dinner today, we have prepared three choice dishes.
中華セット
大塚食品
あ!
あれたべよ
今日のおかず
3品
●麻婆豆腐
●肉だんご甘酢あんかけ
●八宝菜
中華料理の人気メニューが、
1枚のお皿に集まりました。
醤(ジャン)と湯(タン)にこだわった
中華おかずを、ご飯と一緒に
お召し上がりください。
●電子レンジで3分(500w)
●1食分·295g/保存料無添加
●電子レンジ専用食品
279kcal
盛り付け例
4 901150 109307

时，后续问题将绵延不绝。包装——这项将物品包起来的行为——作为一种媒介，承担着一种广告宣传媒体的角色。因此厂商经常在包装上采用各种夸张的表现，设法引起消费者的兴趣，种种战略导致了消费者对包装持有怀疑的眼光。“与其只看到靓丽的外表，更希望直接看见食品”的需求，也就必然产生了。这其实是一种良性的变化——对于入口的东西，人们会本能地启动防御机制，毕竟一旦吃到了有毒的东西就只有死路一条了。人们甚至只要闻到异味，就会避免放入口中，这也是鼻子位于嘴巴上方的原因。总之，考虑到这个有关价值观的重大改变，又必须采用纸盒包装的食品设计，着实令我感觉困难重重。

あ!
Hayashi & Rice
ハヤシ&ライス
大塚食品
406kcal
こわのおいしい
和風御膳
栗おこわ
お赤飯
豆腐ハンバーグ
382kcal
大塚食品
あ!
おこわのおいしい
中華御膳
松の実おこわ
肉おこわ
肉だんご甘酢あんかけ
424kcal
レンジで3分!
あ!
Curry & Rice
カレー&ライス
400kcal
あ!
Bistrocurry & Rice
ビストロカレー&ライス
大塚食品
397kcal
今日のおかず
惣菜セット
大塚食品
3品
洋食セット
大塚食品
あ!
今日のおかず
3品
シチュードハンバーグ
ロールキャベツ
クラムチャウダー
289kcal
大塚食品
卵を加えて、レンジで3分!
あ!
あなたがシェフの
オムカレー

以“自己”为标准的少量产品设计

远东眼镜（2003 年）

福井县鲭江市是眼镜的产地。1999 年，我和福井的设计师酒井带着眼镜草图走访了当地各个厂商。在造访的第一家厂家，我们制作了最初的款式，然而后来碍于生产、技术等问题而暂缓下来。2001 年，我们认识了鲭江的远东眼镜之后，才开始进行具体操作。从几幅草图中，我们初选出 3 幅。首先进行制图，然后是无数次手工调整细节，最后逐渐成型。眼镜的设计五花八门，我这次主要是为了慰劳自己，制作出符合自己期望的眼镜。一副好眼镜的首要标准是佩戴舒服，在反复使用之后，能够仿佛成为身体的一部分。可是眼镜的设计绝非仅止于此。既无知识，也无经验的我，完全不知道自己究竟能够做些什么，也无法奋

勇地开发新技术或是寻找新材料。所以，只能运用鲭江现有的技术，制作自己想要的、似有却无的产品。鲭江的眼镜业市场遭到廉价的中国制品的冲击，面临着严酷的考验。而中国制品的技术也在急速攀升，日本的眼镜正面临设计的考验。

不过，在眼镜完成之后却发生了意外插曲。佩戴自己设计的眼镜，我觉得非常别扭和不自在。或许没有人会在意这种事情，但是这实在是天性使然，由不得我。

小委托案的小常识

许愿的☆☆☆☆☆☆金平糖果盒（2003 年）

这是根据系井重里的想法所制作的金平糖果盒。系井和我联系，表示迪士尼在发行《木偶奇遇记》DVD 的纪念宣传活动中，既想用金平糖制作“向星星许愿”的星星作为附赠品，又要打造独特的容器。一般附赠品的容器通常都不会有大量预算，多半是采购现成品凑合着使用。然而，系井不愿做出这种妥协。他亲自前往老街区的金平糖制作现场，对于容器中应该放入些什么，在自己左思右想之后，最后求助于我。这项汇集众人期望的小委托案竟然产生了连大型委托案都难得的凝聚力。容器的设计，我打算采用令人在食用后想要再利用的糖果盒。

When You Wish Upon A Star ★ When You Wish Upon A Star ★

When You Wish Upon A Star ★ When You Wish Upon A Star ★

When You Wish Upon A Star ★ When You Wish Upon A Star ★

When You Wish Upon A Star ★ When You Wish Upon A Star ★

When You Wish Upon A Star ★ When You Wish Upon A Star ★

盒盖印刷着“向星星许愿”的英文字样，这是糖果盒在食用之后仍能发挥其他作用的佳句。糖果盒的产地选择了中国。这么小的糖果盒通常无法在盒盖上制造出大范围的膨胀凸起。我们虽然明知十分困难，但仍然试着提出了这样的方案，结果出乎我们的意料，中国的厂方在短期内就按要求完成了生产。最近，中国厂商的技术经常令人刮目相看。这款容器被拿在手上时，手指立刻会抚摸到圆圆的凸起，而设计的重点就在于这个凸起所营造出的期待。我原本打算在盒底附加磁铁，这样就可以让它吸附在任何金属板上，不过碍于成本，这个设计无法实现。如此迷你的物品却能够发掘出无限的想法。

配角的设计

孟买蓝宝石金酒展示架（1992 年）

我为孟买蓝宝石金酒设计了能在酒吧柜台等处使用的展示架（不包含酒瓶设计）。我制作了两种款式，都是能够凸显孟买蓝宝石金酒绝美色泽的装置。通常这类凸显酒瓶的展示架都是为了在酒吧柜台进行广告宣传，所以总是摆上硕大的商品名称，闪亮而耀眼。我试着采取低调的设计，搭配最近流行的酒吧装潢，并且凸显身为主角的酒瓶。展示架不应该喧宾夺主，应该恪守绿叶的本分，烘托出主角的优点。两种款式都在台座部分装配了照明，而且任何人都能够轻松更换台座中的灯泡。

BOMBAY
SAPPHIRE
Distilled
LONDON
DRY GIN
IMPORTED
100cl ℮
47% vol

台座的厚度是考虑到灯泡的散热空间而确定的，整体使用厚铝板以确保能够支撑酒瓶的重量，而且长期使用也不易损坏。这个展示架是放在酒吧中使用的，所以是否采用全凭酒吧决定。现在店内讲究装潢设计，这种展示架必须设法促使店家愿意积极摆设。这是上下左右 4 个方向夹住酒瓶固定的款式，还可用于展示酒瓶以外的物品，随着活动的不同，功能也可以不同。不过酒瓶本身摆在酒吧柜台上才是真正的广告牌，这点无人能敌。祈求这个展示架别成为多余的累赘吧。

BOMBAY
SAPPHIRE
Distilled
LONDON
DRY GIN
IMPORTED
100cl ℮
47% vol
BOMBAY SAPPHIRE

之间的形状

高田汽车安全装置视觉识别设计（2003 年）

在现在这个汽车社会中，高田（Takata）是专门为人的安全而长期经营的公司。它不但生产人们常见的座椅安全带、安全气囊等安全装备，还着手研发儿童安全座椅等产品，在海外拥有多家分公司。为了配合 2004 年春天公司引进的新企业形象识别系统（Company Identity，CI），2003 年我参与了相关的视觉识别设计，主要就是思考标志及相关图像。公司在海外拥有多家分公司，这些公司之间已有相互联结的象征，不过，在导入新企业形象识别系统时，联系各相关企业的象征仍是不可或缺的。

这种委托案最重要的课题是标志的象征意味。如何将“安全”化为一个标志呢？仔细想想，安全是肉眼无法看见的事物。当人们的安全有所保障时，是不会意识到安全这件事的；只有人们当遭遇危险状况或是碰到事故时，才会意识到安全或安全装备。在思考标志之际，我了解到高田的宗旨不只是制造座椅安全带或安全气囊，而是想在汽车环绕的社会中照顾人的安全。于是，我想到以“之间”的形状作为标志。安全处于环境和人类之间、人和人之间、企业和人之间，是肉眼无法看见却确实存在的事物。符号左侧存在着大圆（球），右侧隐藏着 TAKATA 的第一个大写字母 T，这是在两者“之间”的形状。我想，这就是应该重新获得认识的身份识别。

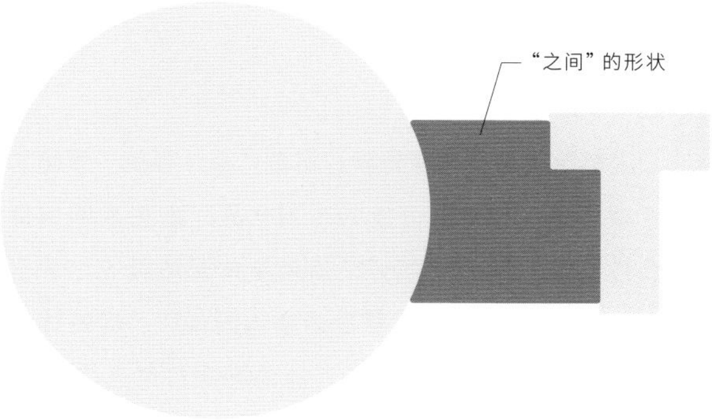

“之间”的形状

设计的“辨别”

明治制果“身体导航”系列保健品（2003 年）

人人都希望身体常葆青春，这款“身体导航”就是为了辅助身体健康而开发的系列产品。维生素等保健品并不是一味服用就好，如果身体无法吸收也等于浪费。“身体导航”主要是调整体内循环、促进体内营养素吸收的综合保健品。此系列主打产品是“Pre Supplement”，持续服用能够起到上述的功效。这个系列为顾客提供在线咨询服务，我担任设计总监的工作，负责命名、包装、店头广告和官网的基本风格等。

Meiji

カラダナビ

针对高年龄层的产品设计必须注意在店内要能够一目了然。阅读时，文字的大小要清楚，颜色要简单大方。高龄人士的视力不大好，不易辨识暗淡的颜色。设计必须容易记忆，绝不能让消费者准备再次购买时却无法想起来。我常常可以看见商店内各种保健品的包装上排满了文字，令人抓不到重点。这款“身体导航”的包装是在圆圈中放上“身体导航”的标志，并使用鲜艳的橘色，排版采用字号大一些的文字，在店内营造出橘色的世界。除此之外不添加任何赘饰。我采用易辨别的设计，希望能让高龄人士欣然接受。顺带说明一下，包装上未使用最易帮助消费者了解商品的“吸收”和“循环”二词，是因为法律规定不得使用。

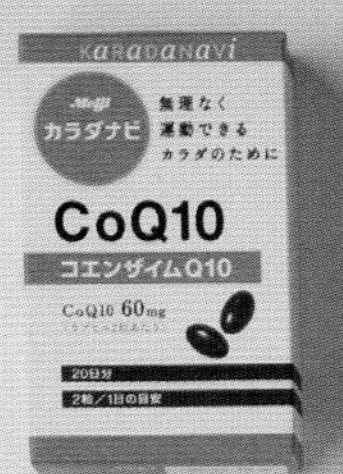
KARADANAVI
Meiji
カラダナビ
無理なく
運動できる
カラダのために
CoQ10
コエンザイムQ10
CoQ10 60mg
20日分
2粒／1日の目安

KARADANAVI
Meiji
カラダナビ
体に
やさしい
低刺激タイプ
マルチビタミン
Multi-Vitamins
12種類のビタミン
レモン味
シュガーレス
30日分

KARADANAVI
Meiji
カラダナビ
体に
やさしい
低刺激タイプ
ビタミンC
Vitamin C
ビタミンC 1000mg
アセロラ味
シュガーレス
30日分
2粒／1日の目安

Meiji
カラダナビ
プレサプリ
必要な栄養素を
必要なところへ
行き渡らせる。
30日分

KARADANAVI
Meiji
カラダナビ
体に
やさしい
低刺激タイプ
鉄
鉄 12mg
プルーン味
シュガーレス
7日分
2粒／1日の目安

KARADANAVI
Meiji
カラダナビ
体に
やさしい
低刺激タイプ
マルチビタミン
Multi-Vitamins
12種類のビタミン
レモン味
シュガーレス
7日分

KARADANAVI
Meiji
カラダナビ
体に
やさしい
低刺激タイプ
ビタミンC
アセロラ味
シュガーレス
7日分
2粒／1日の目安

KARADANAVI
Meiji
カラダナビ
体に
やさしい
低刺激タイプ
カルシウム
Calcium
カルシウム 350mg
シュガーレス
7日分
2粒／1日の目安

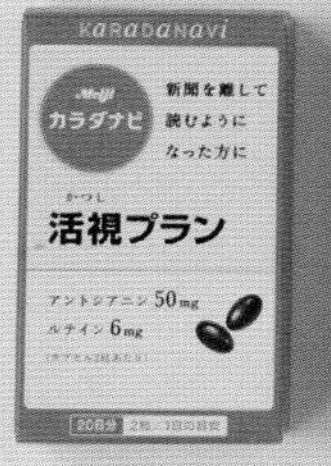
KARADANAVI
Meiji
カラダナビ
新聞を離して
読むように
なった方に
かつし
活視プラン
アントシアニン 50mg
ルテイン 6mg
20日分
2粒／1日の目安

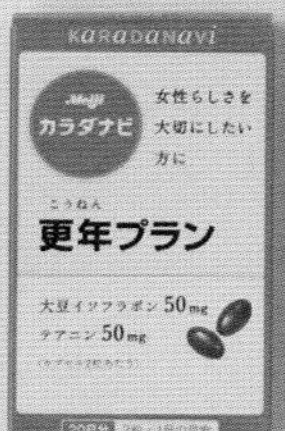
KARADANAVI
Meiji
カラダナビ
女性らしさを
大切にしたい
方に
こうねん
更年プラン
大豆イソフラボン 50mg
テアニン 50mg
20日分
2粒／1日の目安

KARADANAVI
Meiji
カラダナビ
濃いめの味が
気になる
方に
りょうあつ
良圧プラン
サーデンペプチド 250mg
20日分
2粒／1日の目安

KARADANAVI
Meiji
カラダナビ
素顔に自信を
持ちたい
方に
とうき
透肌プラン
L-シスチン 120mg
リコピン 15mg
20日分
2粒／1日の目安

Meiji
カラダナビ
大根
セロリ
グリンピース
トマト
ズッキーニ
バジル
たっぷり繊維の
南欧野菜スープ
1食分 30kcal

Meiji
カラダナビ
たまねぎ
ポテト
にんじん
コーン
グリンピース
たっぷり繊維の
野菜チャウダー
1食分 110kcal

Meiji
カラダナビ
たっぷり繊維の
ミネストローネ
1食分 65kcal

工作的速度

±0 家用产品设计、品牌形象（2003 年）

±0 是在产品包装上可以看到的标志，用于绝不容许丝毫误差的时候。±0 诞生于 2003 年 9 月，源自玩具厂商“宝物”（Takara）、钻石社和产品设计师深泽直人的结合。目前它仍在增加品类，甚至逐步成长为一个品牌。商标的念法任君选择，加减零或是正负零。这个标志是深泽直人亲自操刀设计的，象征了人们追求事物不容有误的心态，必须“吻合”，无“过之”和“不及”，介乎主观和客观之间。在策划总监深泽直人的邀约下，我参与了这个项目。对于“似有却无的制造方式”我深有同感，因而主要负责沟通设计的部分。

±0

2009 年 9 月的发表会之后，这个品牌开始起步，我负责监制名片、包装、官网、型录和展示会场的平面设计等所有事项。在参与的过程中，我首度体验到了速度感。当策划成员之间对进展方向达成共识时，根本不需要讨论细节。所以工作步调极快，仿佛在开车兜风一样。车速快时，能够毫不费力地旋转方向盘，这就是我在这项工作中体验到的感觉。深泽和我几乎无须碰面，但工作却从未停顿，我认为这正是理想的工作关系之一。面对物质泛滥的时代，我认为这个品牌尝试着扮演了试金石的角色。

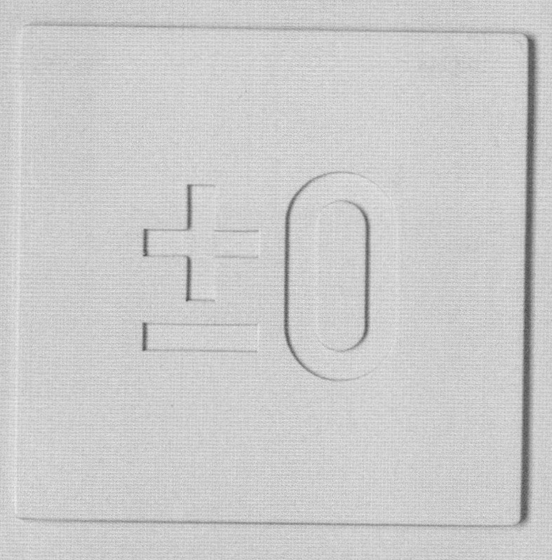

±0

±0
±0
±0
±0
±0
PASCAL CAFFET for ±0
±0
AOYAMA

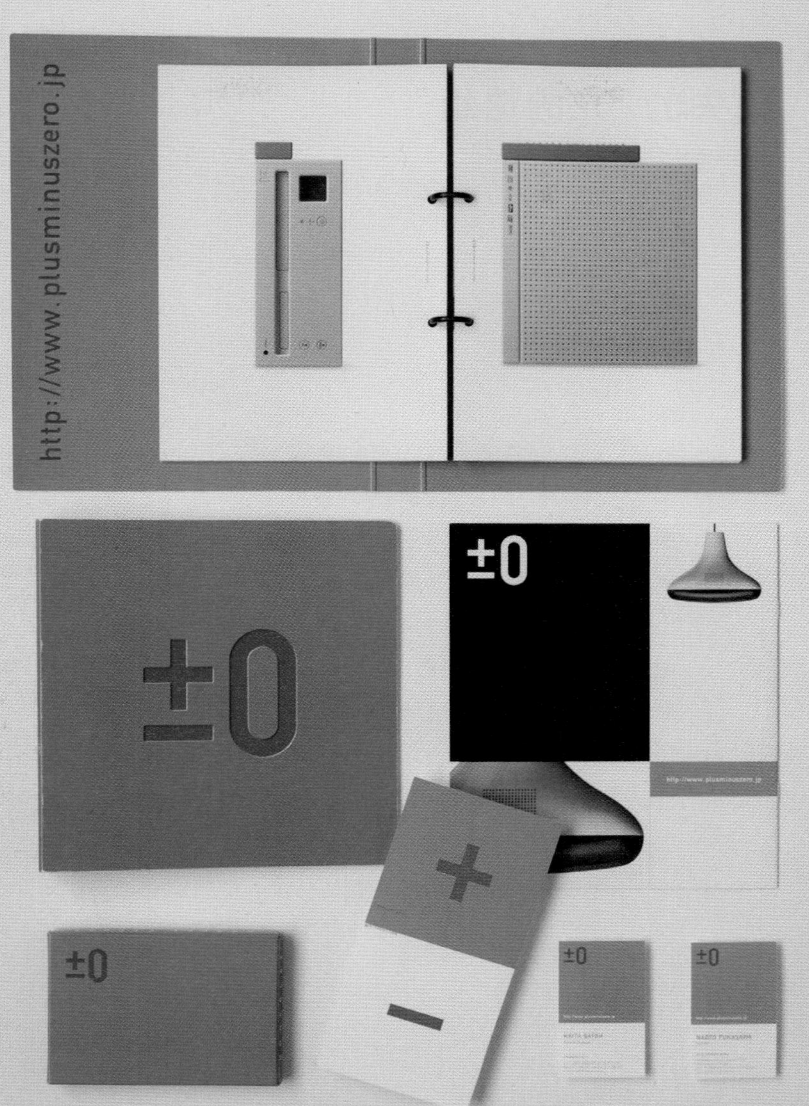
http://www.plusminuszero.jp
±0
±0
http://www.plusminuszero.jp
+
−
±0
±0
±0

消失的“光的重组”

宝酒造碳酸饮料（2003 年）

低糖、入喉清爽的酒精碳酸饮料“SUKISH”，使用浮雕压花制成螺旋状的螺旋波纹铝罐；罐上使用透明墨水印上交叉斜线，宽度与罐面的凹凸是相同的，如此一来就可以看到铝罐凹凸反射的光和多彩光泽交织辉映。产品在货架上时是静止的，然而随着人的走动，光线随之变化，产品也会随之不时变换“表情”。材质和平面设计的关系简洁分明，从而成为系列产品的特征，这是一种前所未有的产品设计。当人们在店内发现这款产品时，会同时望见这道神奇的光，会好奇“这是什么”，这种念头就是勾起兴趣的关键。

TaKaRa can CHU-HI
グレープフルーツ
SUKISH
タカラcanチューハイ／スキッシュ
甘さひかえめ・後味スッキリ
お酒
加熱しないチューハイ
アルコール分7%／果汁4.5%／リキュール類
TaKaRa's original non-heat production method preserves the

“这是酒”“这是酒精碳酸饮料”和“这是冷饮”等信息的确必须清楚传达，然而这样的做法给人的印象会仅止于此。新产品和对手商品竞争时想要获得消费者的青睐，必须引发人们的脑海中浮现“这是什么？”的念头。对于必须不断推陈出新的厂商，这是宿命。仔细想想，兴趣的涌现来自对不了解的事物“想要一探究竟”的心理，之后才会产生“原来如此”的想法。SUKISH 通过光的重组，维持独特的身份识别，还增添了酒精碳酸饮料的大众辨识度。然而很可惜的是，这款产品在上市后，随着时代的变迁逐渐消逝了身影。

TaKaRa can
CHU-HI
SUKISH
レモン
グレープフルーツ
アセロラ
チューハイ／スキッシュ
お酒
加熱しないチューハイ

设计的诊疗

神户可乐饼（2003 年）

1989 年，神户可乐饼致力于“制作真正美味的可乐饼”，在神户元町南京街开设了第一家店。凭借着常年培养而成的料理技巧和慎选食材，以及大正时代怀旧浪漫风情的图像，以现炸现卖的销售方式，成为顾客大排长龙、驰名日本全国的可乐饼店。之后神户可乐饼在全国各地增开店铺，并随着时代而不断调整着销售策略。2003 年春天，神户可乐饼来到我的设计师事务所咨询与品牌相关的事务。首先，我提议拍摄当时全日本所有神户可乐饼店面的照片，排列在墙上请所有工作人员一起观察。通过这个方式一起客观地认识品牌的现状。通过观察 14 年来的失败和摸索，我们逐渐发现过去的设计大都是为了刺激业绩成长而

招福
美味

招福
美味

做的。神户可乐饼的字体竟然同时存在3种类型，这都是过去临时应付的结果，导致了找不到整个品牌设计轴心的状态。于是，我建议重新整理过去的设计，而非投入新的设计。神户可乐饼的文字被重新调整为消费者熟悉的、在开业最初的大正时代就开始使用的怀旧浪漫字体。品牌的标志——招财猫也回归最初的样子。在这种从中途加入的委托案里，设计就像是一种诊治行为，必须先进行诊断。顺带一提，各位请注意，6只并排的招财猫口，由左至右，正用日语说着“神户可乐饼”。

元祖 神戸コロッケ

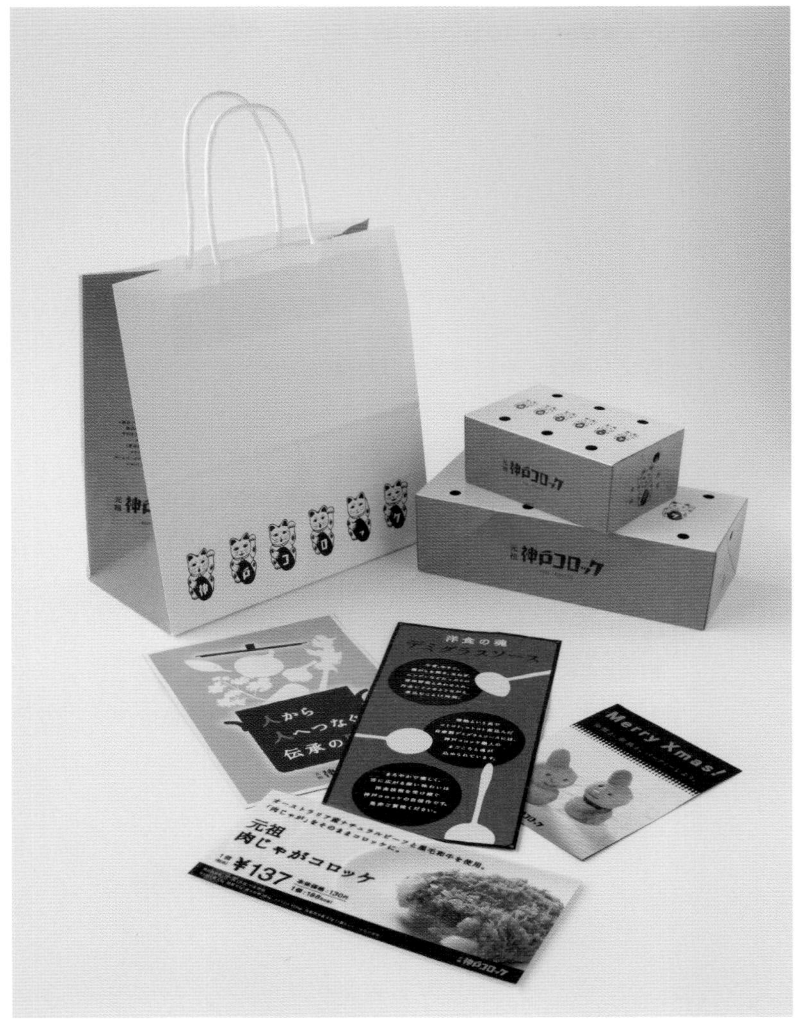

元祖神户可乐饼

电视节目的设计

NHK 教育台“日语游戏”节目策划（2003 年）

2003 年春天，NHK 教育台开始播放儿童节目“日语游戏”，而我从 2002 年夏天开始参与这项工作。在承接这项委托时，我能决定的事情只有“10 分钟的节目”，以及“以日语为题材”。日语老师斋藤孝和我几乎是同时期开始参与这个项目的，我们和 NHK 电视台的工作人员一起多次讨论应该为现在的儿童做些什么。基本上，我们都希望能够在游戏的过程中，让孩子们将日语的优点和乐趣深深地印在脑海之中。现在核心家庭越来越多，家庭环境中缺少能够告诉儿童日语优点的人，所以此时电视所扮演的角色应该有所变化。

にほんご
であそぼ

节目从各种层面审视日语，例如日语的传承、日语的架构、日语百听不厌的韵味，以及日文的美和神秘感；同时节目还有能够传达给家长的普遍性，包括日本的文艺表演和日语的新表现方式等。目前这个节目周一到周五、每天早上 8 点播放 10 分钟（黄昏时段重播）。这项实验性尝试得以落实，大概是因为现代的电视节目中只有单纯的儿童节目吧。教材、和歌纸牌等节目相关产品的设计也在同时进行，从而使“日语游戏”得以双管齐下，同时制作影像和周边产品。节目中使用的文字，是专为节目重新设计的“日语游戏字体”，节目专用文字的持续开发能够将文字印象烙印在儿童的记忆当中。日语既是发音，也是文字。

どどう

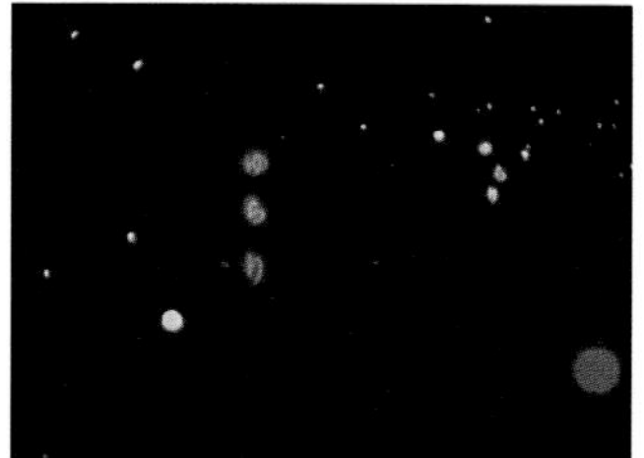

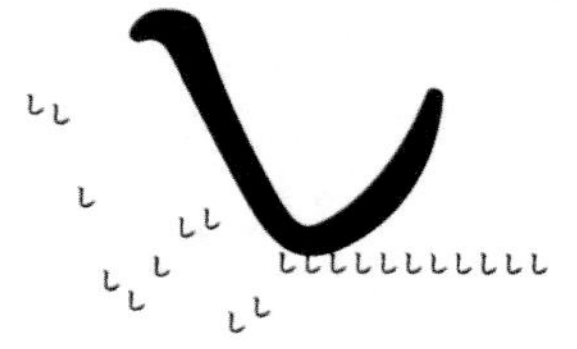

よ
よごれつちまつた
かなしみに

こ
こがねむしは
かねもちだ

はひふへほ

まみむめも

やゆよ

らりるれろ

わをん

日语游戏字体

あいうえお
かきくけこ
さしすせそ
たちつてと
なにぬねの

成长的记号

金泽 21 世纪美术馆标志（2004 年）

2004 年秋天，金泽 21 世纪美术馆开馆。我负责设计美术馆的标志，以及开馆相关的平面宣传品。最终标志直接采用了妹岛和世和西泽立卫两位建筑家所设计的建筑俯瞰图。什么样的标志适合最新锐的当代美术馆呢？我首先考虑到这是一个 21 世纪的美术馆，而设计标志却停留在 20 世纪，因此我深感以设计标志为前提进行设计是不健全的。“一个机构没有象征性标志，便觉得不稳当”，这个毫无意义的概念被人们普遍接受。于是，我将把标志广泛用于各处的想法放弃了。

我观察美术馆的建筑设计，发现各展厅的使用方式前所未见，非常新鲜有趣。馆内设有多间展厅，能够随时发现相应的使用方式，换言之，就是没有定律。馆内还设有当地居民能够随意入场的免费空间，充分发挥其作为街区文化一分子的功能。就像一般街道没有正面一样，美术馆的建筑整体呈圆形，没有正面，这意味着参观者能够从四面八方进入馆内。我正在琢磨着到底什么样的标志才适合这样一座崭新的美术馆时，却发现越看建筑图纸越像是个标志。这座美术馆只有一层，主要展厅在圆形当中并排呈现的模样，直接就可以作为标志。这个标志又可以直接作为馆内的指向标，或成为标注笔记的印刷品。这是一个能不断发现更多使用方法的“成长的记号”。

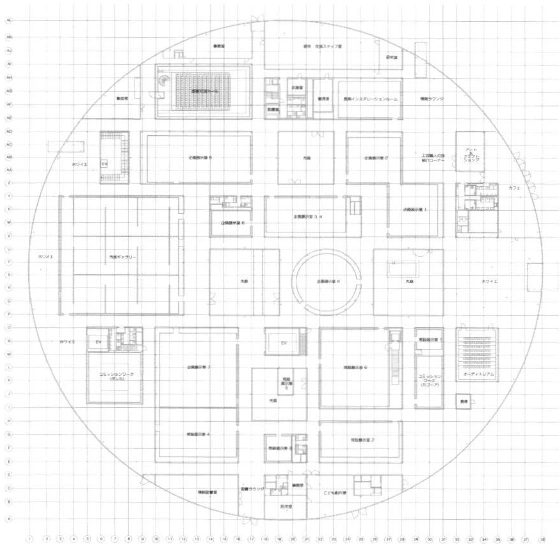
研究 交流スタッフ室
研究室
情報ラウンジ
長期インスタレーションルーム
ホワイエ
EV
企画展示室 5
光庭
企画展示室 2
カフェ
企画展示室 6
企画展示室 3 4
企画展示室 1
市民ギャラリー
企画展示室 8
コミッションワーク
企画展示室 7
常設展示室 6
オーディトリアム
常設展示室 4
常設展示室 2
情報図書室
図書ラウンジ
こども創作室

潜藏于日常的事物

理发店标志设计（1996 年）

理发店标志的历史悠久，其原型能够追溯到 13 世纪的英国。明治元年（1868 年），日本的横滨形成了外国人居留区，在断发令之后，这个标志传遍了日本全国。它如今仍然扎根于人们日常生活之中，在许多国家发挥着效用，实在是个少见的特例。1983 年，我对理发店标志燃起了很大的兴趣。我开始收集老旧的理发店标志，至今已经创作了 3 次装置作品。第一次是在 1996 年“关于物品和环境的关系性”，我同时展示了 13 张平面印刷品，以及直立的立体理发店标志。第二次是在 2002 年，主题是都市中的光“LUMEN”，我将理发店标志横置于地上，并同时展示影像。第三次是在 2004 年，主题是“标志和人的

相互关系”，地点在银座的巷房画廊。摆放在两个展厅的理发店标志，在一个画面中随着人的距离远近而变化：当脸靠近画面时，两个理发店标志在画面中会变成一个。通过理发店标志这个媒介，我每次都以不同的观点，重新确认日常生活中潜藏的各种关系。这些并不是委托案，而是作品的发表，所以既是设计也是艺术。对我而言，界定设计和艺术是毫无意义的。我很清楚自己是将从环境中提取出来的事物，通过发表作品这项实际行动，为事物赋予新的突破口，通过这种行为发现环境里的各种关系。人类的周遭同时存在着设计和艺术，两者之间原本就无严格的界限隔阂。

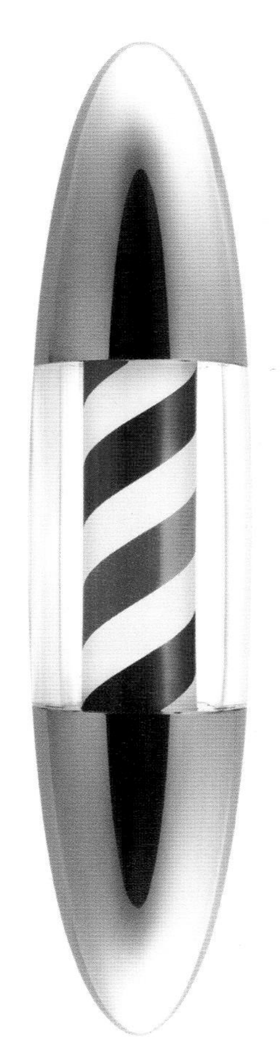

潜藏在都市的 LUMEN 展（2002 年·巷房画廊）

埋木和理发店标志展（2004 年·巷房画廊）

70厘米的设计

埋木展览设计（2004年）

埋木是从石器时代至绳纹时代埋在土中尚未石化的木头。几年前，我前往新潟出差时看到了埋木，内心震撼不已。新潟的埋木又写作“神代木”。约600年前，埋木出土的新潟平原东部一带仍是大海，因此土里含有大量的沙和沙石。在埋木所在的地层中还出土了沼泽浮石，推测是沼泽火山的火山泥流所形成的一种二次堆积物。约6500～5000年前的绳纹时期，沼泽火山持续爆发，当时的旧火山口积水如今成为沼泽湖（位于福岛县只见町）。推测沼泽火山的泥流沿着只见川流下，随着支流阿贺野川的汇入，搬运埋木等二次堆积物来到新潟平原的东部。1990年，因为开采建筑用砂石，人们从地下12～15米的地

层中挖出这些埋木，它们属于二次堆积物，在地底下沉睡了 5000 ～ 6500 年。我在一片空地上看到这些埋木，正淋着雨，树种有榉木、橡木、七叶树、樱花木、栗树、杉木等阔叶树，埋木的中心部位由于长期从周围环境吸收铁等物质，根据树种的不同而形成了不同的颜色。我只挑选了芯部变成黑色的栗树和橡木，并适度剥下表面的皮，将其水平切割成为高度 70 厘米的木块。2004 年 3 月，在银座的巷房画廊展出并销售了约 40 株埋木。我遇见沉睡在自然环境中的埋木，搬运到都市之中，陈列在众人可见之处。在这场展览会中，我的作品是一种把相关人士联系起来的“行为”。

UMOREGI
TAKU SATOH EXHIBITION · PHOTOGRAPH BY TAMOTSU FUJII 2004 · 3 · 22 · MON 4 · 3 · SAT GALLERY KOBO 3F

身份识别的发现

三宅一生设计文化基金会视觉识别设计（2004 年）

2004 年，恰逢三宅一生设计文化基金会成立，我承接了其视觉识别设计的委托案，制作基金会成立之后使用的名片、信封、信纸等物品。这类委托案通常并不能只考虑平面设计，规格大小、用纸选择等都要全权负责。换言之，设计师必须具有成品设计的意识。首先，我考虑到三宅一生是个非凡的存在。虽然我了解到基金会今后将力求拓展各种可能性，然而这个基金会的诞生终究是来自三宅一生个人以往获得的成就。因此寻找身份识别时，最终还是要回归到三宅一生本人。我重返三宅从“一块布”起家的原点，脑海中想着“一块布”这个关键词，并和其他工作人员构思着各种方案。在这些方案中，我注意到小正

THE MIYAKE ISSEY FOUNDATION

方形布四角撑开的形状，以这个形状为主制作的方案从众多方案中脱颖而出。在讨论好颜色等事项之后，最终方案得以敲定。此外，通过一块布四角撑开形状的轮廓线表现了一块布的原料“线”。如此一来，就能够分别使用抢眼的红布，以及纤细的红线。其实，将这个形状准确无误地对准信封等边角，并且随时调整、保持无误，在印刷和组合上真是一项棘手、费力的工作。

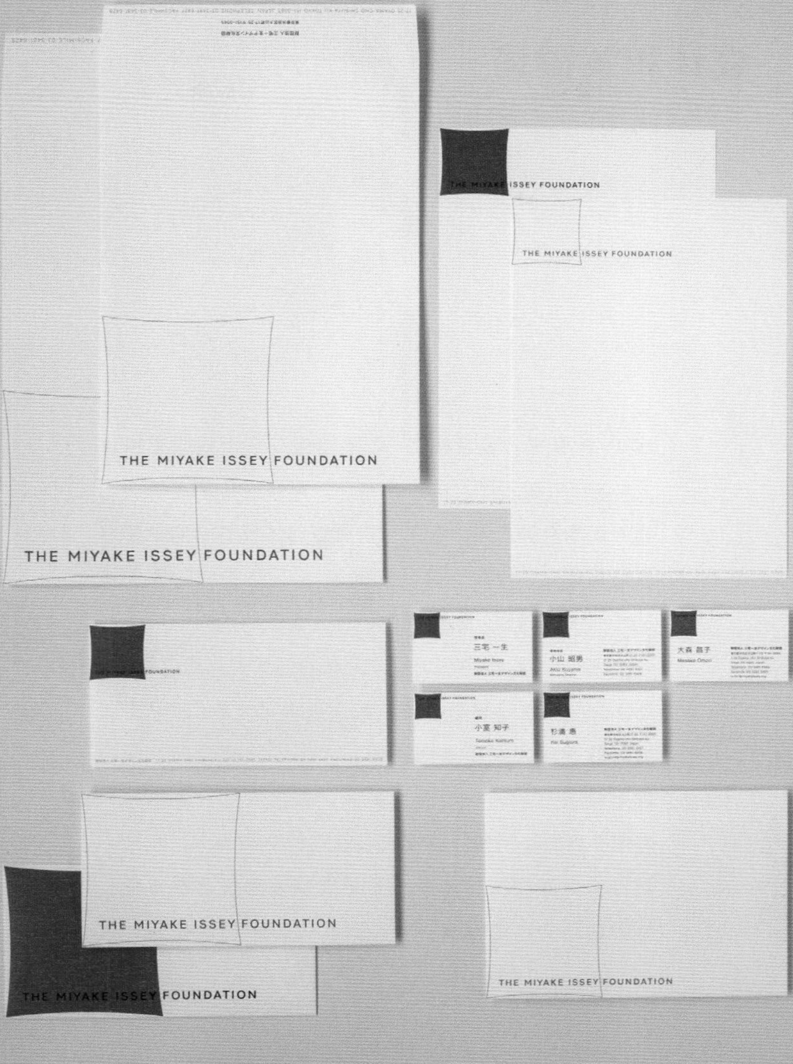

THE MIYAKE ISSEY FOUNDATION

THE MIYAKE ISSEY FOUNDATION

THE MIYAKE ISSEY FOUNDATION

THE MIYAKE ISSEY FOUNDATION

三宅 一生

THE MIYAKE ISSEY FOUNDATION

THE MIYAKE ISSEY FOUNDATION

THE MIYAKE ISSEY FOUNDATION

设计和关键词

“三宅褶皱”的杂志广告（2005 年）

2005 年春天，我承接了“三宅褶皱”在全日航空机上杂志《机翼王国》的广告制作，具体内容是连续刊登 4 期的系列广告。在第一次会议时，我的脑海中就已经浮现出“日常”这个关键词。“三宅褶皱”源于三宅一生的想法，他希望促使世人重新认识时尚只是一般日常制品。三宅在历经了无数次巴黎时尚周之后，才体会并产生了这个想法。我立刻借了一些“三宅褶皱”的衣服，东摸摸西摸摸，想要实际感受。这些衣服叠放之后，不会产生折痕，容易清洗，能够卷得很小且方便携带。不仅衣服面料的功能强大，而且布料和褶皱加工的绝妙关系更能够展现出穿着者身体的曲线美，还非常轻巧。衣服中的确包含许多女

PLEATS
PLEASE
ISSEY MIYAKE

PLEATS
PLEASE
ISSEY MIYAKE

PLEATS
PLEASE
ISSEY MIYAKE

PLEATS
PLEASE
ISSEY MIYAKE

性追求的要素——日常性、简单、方便携带、体积小，这些字眼在我的脑海中萦绕着，我突然意识到这根本就像是便利商店嘛。我的事务所一楼就是家便利商店，于是我开始回想店内的景象：便利商店里都有些什么东西呢？此时我不会真的前往便利商店，在脑海中勾勒情景才是最重要的事情，因为脑海中留下来的情景才保留着与他人共通的普遍性。结果我突然想到便利商店里的便当盒，它完全符合这些关键词，而且还能够从中直接看到产品。衣服放在便当盒中，能展现出漂亮的颜色，看起来就像美味的意大利面。虽然当时还有其他的方案，但最终这个方案被采纳了。然而，在实际寻找便当盒时，却怎么也找不到适合的实物。所以，这些图像是在分别拍摄之后合成制作的。

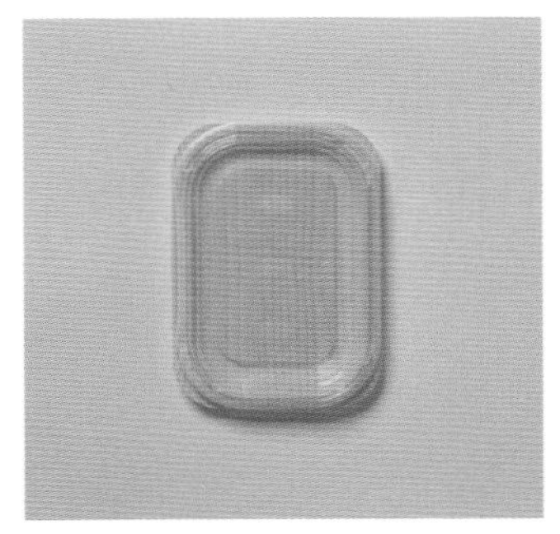

托盘与盒盖重叠的部分

盒盖边缘的部分

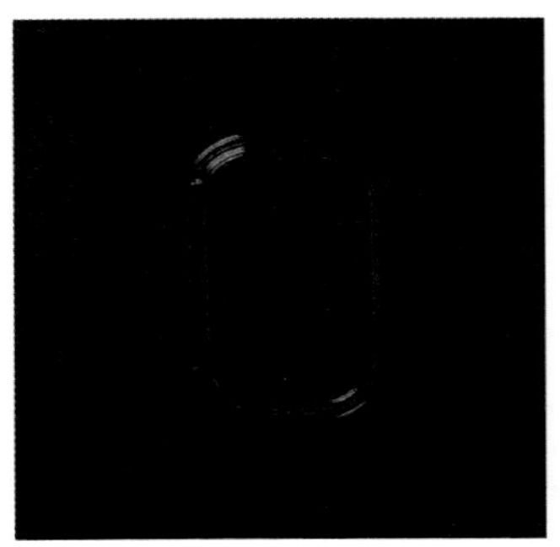

盒盖边缘的部分

标签部分

作为主角的衣服部分

盒盖孔部分

合成前的各部分照片

内含多项信息的简单形状

首都大学东京视觉识别设计（2005 年）

这项委托案是为定于 2005 年 4 月建校的首都大学东京设计的视觉识别设计，于同年 1 月开始启动。因为市政府在前一年迟迟未能拍板定案，所以时间比较短促，直到建校前夕我才接到联络。对之前已经讨论好的事项，我无须再做重复工作，所以直接参考了已经讨论通过的校徽。首都大学东京合并了东京都的 4 所大学，旨在活用各大学以往的资源，是抱着“以东京这座城市为研究题材”的想法而诞生的大学。在几个方案中被选中的方案，附加了“trimmingg”（修整）。各位常听到“修片”，“trimming”的意思是修整出必要之处，此外还有整理整顿之意。这个校徽的纵线和横线的交叉点，是以长方形修整出轮

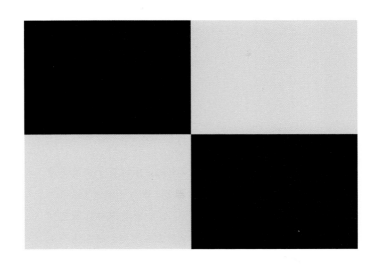

TOKYO METROPOLITAN UNIVERSITY

首都大学東京

廓。东京就是一个信息交叉点，所以这个交叉点象征了东京。整体分割为 4 部分，表示 4 所大学合而为一，这段校史将流传后世。这个长方形称为黄金矩形，纵横比例是 1∶2。在黄金矩形中，经由图形的直线而延伸出的线，能够整理信息、配置布局。所以，校徽能够单独使用，也能够统合使用，一举两得。简单的事物并非剔除信息，而是以简单的形式包容所有的信息。

首都大学東京
TOKYO METROPOLITAN UNIVERSITY

提案中的设计应用示例

只是其中一部分的认知

日本电报电话公司都科摩 P701iD 手机设计研发（2005 年）

我以设计师的身份参与了日本电报电话公司都科摩手机的研发设计。当时在都科摩内部并没有明确的设计方向。所以我首先问自己究竟想要什么样的手机。我思索着以往自己对手机的不满之处，以及它们的累赘之处，发现原来问题在于“过度强调设计”。我并不是对服务质量存疑，对翻盖等基本结构也并无不满。对我而言手机独有的、过度设计的方式是多余的东西，如到处使用的曲线、刻意强调的特点和毫无意义的斜体数字等。我们随身佩戴的事物不只是手机而已，还有衣服、手提包等，关键在于手机只是我们这些使用者的一部分而已，手机不是全部。这种认知不限于手机，也适用于所有事物。产品需要有所

区别，常常在不知不觉间，设计师就无法站在使用者的角度考虑。所以，我先考虑如何从表面减少设计，这是一项去粗取精的工作，耗时耗力。在化繁为简的手机表面，我加入了随着铃声灯光会柔和亮起来的设计。换言之，在待机状态它只是个无关紧要的手机，等到使用时它才会显现出独特的使用感。除此以外，我还参与了画面的影像、广告等所有设计工作。

12:34

12:34
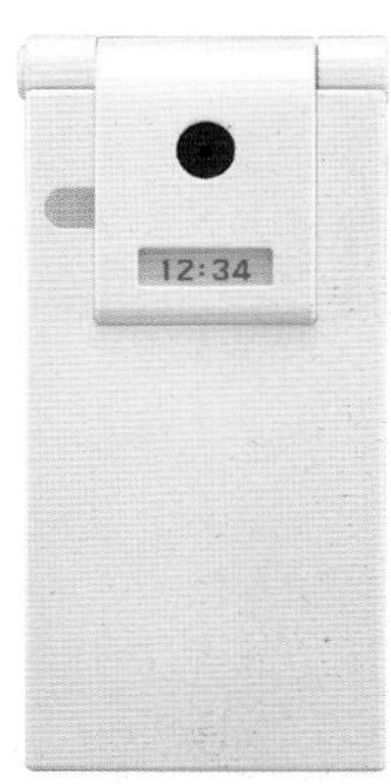
12:34

12:34

12:34

12:34

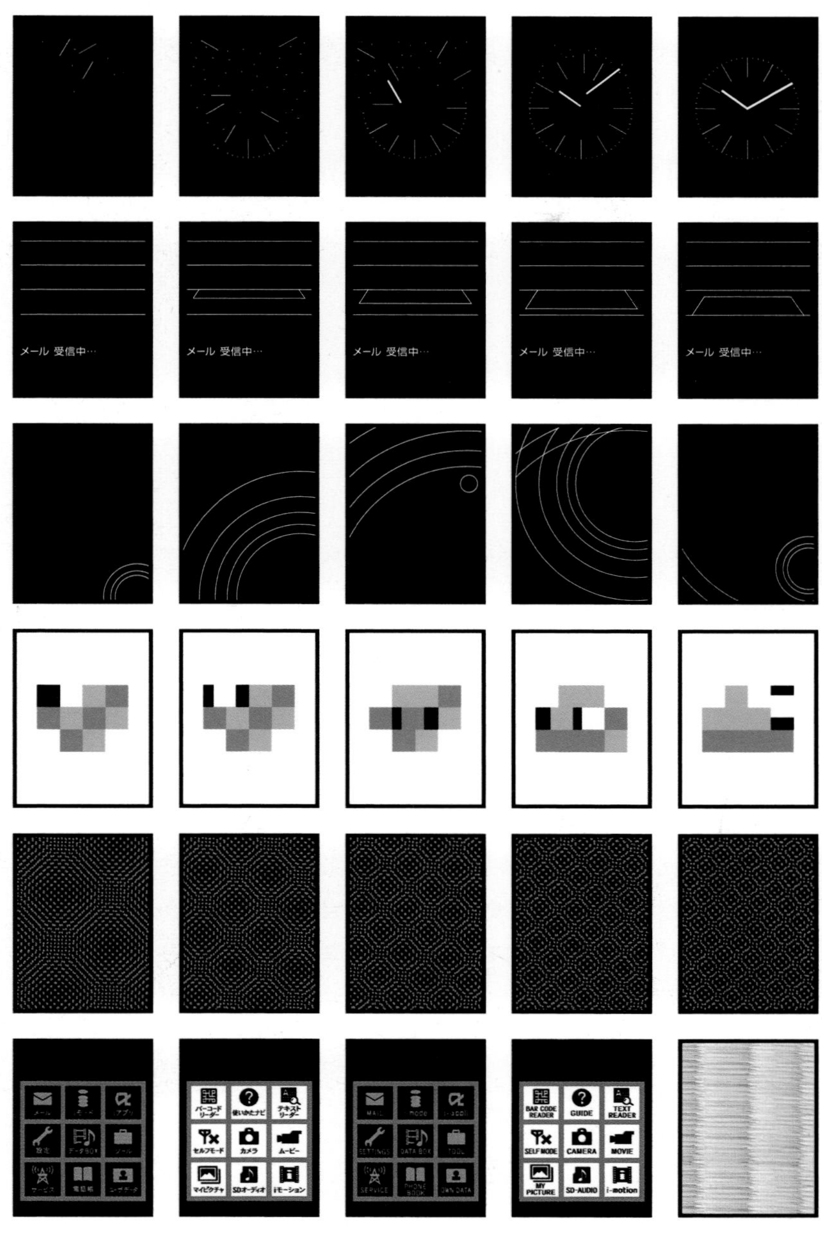
メール 受信中…
メール 受信中…
メール 受信中…
メール 受信中…
メール 受信中…
バーコードリーダー
使いかたナビ
テキストリーダー
セルフモード
カメラ
ムービー
マイピクチャ
SDオーディオ
iモーション
BAR CODE READER
GUIDE
TEXT READER
SELF MODE
CAMERA
MOVIE
MY PICTURE
SD-AUDIO
i-motion

日本的设计

北连农业协同组合联合会“八十九”(2005 年)

这是研究北海道稻米的包装设计委托案，连命名都一并委托给我。在日本本州岛以南，北海道米只留给人们不好吃、廉价等负面印象。我获知近年来，由于改良品种而黏性增加，在口味试验中北海道米已经获得足以和越光米匹敌的评价。我品尝后，发现还真是不错。这次要解决的问题在于如何扭转负面印象，提升北海道米的形象。长久以来，米是打造日本人身体和生存环境的重要食材，然而米的包装设计往往加入卡通标志或是俗气的插画，越来越不像日本的风格。于是，我和工作人员开始设法寻找不同于以往的设计方向。我们想了多个名称，尝试加入设计，然后进行检讨和提案，最后决定采用这个设计。我们

開封後はチャックをして保存してください。
ホクレン
八十九
はちじゅうく
北海道の幻のお米
八十九
精米
17年産
精米年月日

的提案是“八十八”，但因为已经被注册为商标，所以改为了“八十九”。米，可拆写成“八十八”，据说这是因为种稻成米，需要花费八十八道工序。“八十九”可以解释为多加了一道工序，比最初的“八十八”更具有故事性，成了更出色的名称。最后确定的这款设计，风格直率，将独具个性的名称写得又大又显眼。在一堆缤纷多彩、印刷华丽的设计当中，这款低调素色的直率设计更具日本风格，也更突出显眼。

はちじゅうく 八十九
はちじゅうく 八十九

不是创造附加值，而是创造价值

S&B 食品“草药香料”系列（2006 年）

翻阅 S&B 全产品目录时，我发现“草药香料”系列占据了最前面绝大部分页面。这是 S&B 的核心产品，价格合理是它的一大优点。这次委托案重新检讨了 S&B 的主打商品 Selected 系列，打算增加新的品类，从而促成了“草药香料”系列重新登场。换言之，虽然是产品设计，但我必须打造 S&B 未来的招牌。包含袋装总计 194 款商品，这是 S&B 有史以来第一次如此大手笔的产品开发。对于这些早已拥有许多忠实拥趸的产品我必须慎重，因为产品中包含了许多设计的财富。我可以轻易抛开一切重新设计，然而这种方式的失败率很高。我特别注意到 Selected 原本的圆瓶盖，其他辛香料的瓶盖都是扁平的圆筒状，从侧面看是长方形。

S&B
ブラックペッパー
パウダー
BLACK PEPPER

更新包装前　　更新包装后

这是为了方便重叠排列而形成的合理形状，但我觉得圆瓶盖的元素必须保留。最后成品变得更强调圆瓶盖，颜色更为深沉，瓶身呈圆锥状以便凸显这个特色。根据品类不同，我重新仔细描绘了标签插图。小瓶的瓶盖附加凸起，方便打开；研磨器能够改瓶换装再利用。此外，我参与了产品目录、店头广告、报纸广告、电视广告等所有工作。其中主角一定都是产品，我的工作并非创造附加值，而是创造价值。

报纸的整版广告（它也被使用在电视台广告等所有广告宣传中）

知识与智慧的轮廓

北海道大学视觉识别设计（2006 年）

这是2006年4月发表的北海道大学的视觉识别设计，此后这个标志广泛用于北海道大学的相关活动和产品之中。法人化之后，国立大学突然要向社会积极宣传自己活动。为了充分了解北海道大学，我读了它的校史；为了进一步掌握它的现状，我还参观了校园。校史可以追溯到1876年刚刚建立时作为老牌名校的札幌农学校，校园中随处都能令人感受到知识的累积。不同于代表学校的校徽，视觉识别设计应该采用哪种形式呢？我左思右想，想找到能够完全适合新媒体的标志，最后确定的这个标志，我称其为“知识和智能的轮廓”。

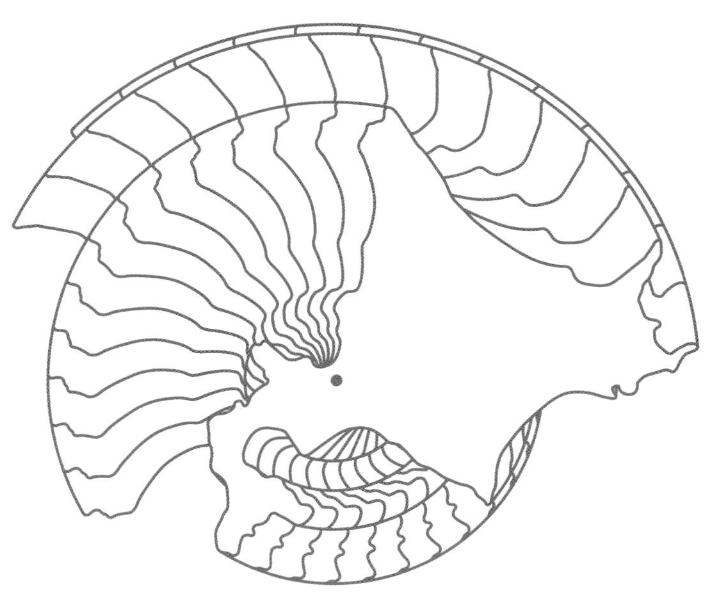

“人类的行为，需要知识和智慧。这个视觉识别设计的形状是以北海道大学为中心，将北海道的形状旋转130度而成的。旋转表示智慧，旋转形成的轨迹表示知识。所以，这个轮廓就是以北海道大学为中心，发展而成的知识和智慧。旋转130度代表北海道大学130年的历史。这个轮廓能够适应发展而变化，不是固定不变的符号，象征着和时代共同进步的北海道大学。这就是我打造的视觉识别设计系统。”在做设计简报时，必须以简单易懂的方式说明设计意图。

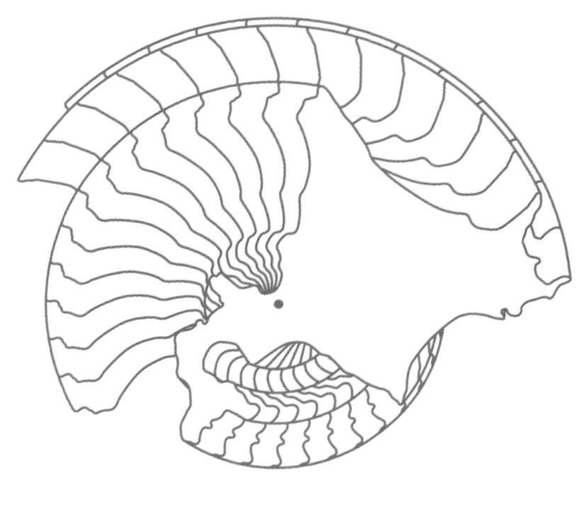

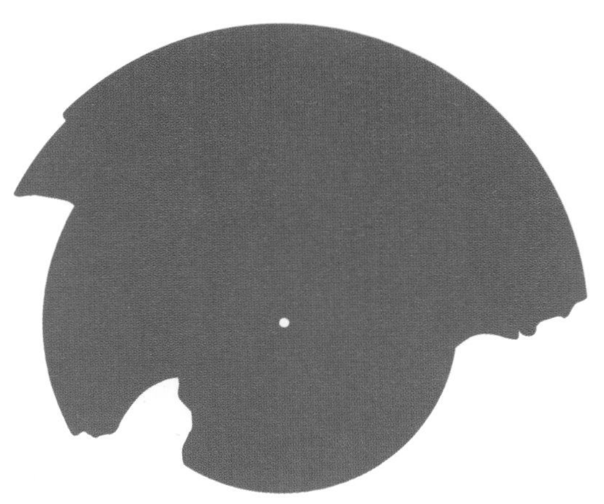

HOKKAIDO
UNIVERSITY

北海道大学

记号的历史

商标（1991—2006 年）

日常生活当中充斥着象征标志和商标。在欧洲，象征标志的历史可追溯到 11 世纪初期的德国，最初是为了骑士之间能够互相区分身份，骑士的徽章不可使用与他人相同的图案。换言之，徽章源自个人身份的识别图像，所以骑士的人数就等于徽章的数量。后来，这些徽章标志成了表示祖先英勇事迹、名誉、地位等的象征，代代相传。日本的徽章也大约出现在 11 世纪前半叶的平安时代，贵族在进宫朝贺或是游览之际，为了避免使用的牛车混淆，开始添加各自喜好的图案，称为家纹。后来家纹逐渐成为彰显个人品位的事物。这些家纹最初只使用一代，后来大臣的职位或是家世形成了世袭制，子孙也就开始承继先祖的

HOT
NOODLE
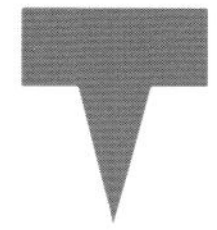

Te

あ!
あれたべよ

FIELDEN
FIELDEN

MJ

東京
道草
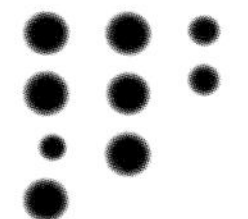

1
DAS

TOYOTA
VISTA
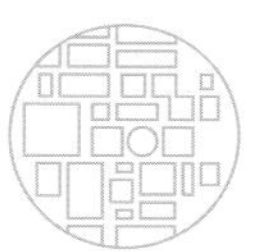

TOKYO METROPOLITAN UNIVERSITY
首都大学東京

THE MIYAKE ISSEY FOUNDATION

纹章。由此看来，欧洲或日本的徽章都是始于个人身份识别的图像。近年来，计算机等科技日新月异，复制因此变得越来越容易。在追溯了漫长的识别图像历史之后，多少能够理解目前象征标志和商标泛滥的原因。可是，这段历史的重点在于它的起源是标示自己，后来才演变成标示家世和整个家族。每个时代存在的事物都有其必然性，如果暂时拿走这些理所当然存在的商标或标志，或许就能够看出这种存在的必然性了。

HOSPITALITY & AMENITY • MIYAGI UNIVERSITY

CHIHIRO ART MUSEUM

ザーネ
クリーム

Meiji
カラダナビ

shimamura
music

SHIMAMURA MUSIC

美味
招福

HAND
ハンドクリーム
CREAM

SEKISUI

TRI+

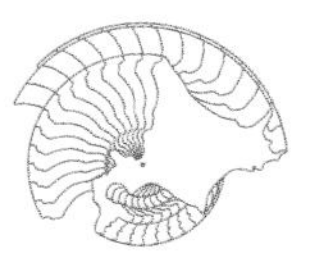

PROPHYLLA

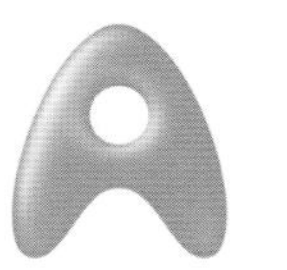

明治
ミルク
と
珈琲

冲浪

我总是能从冲浪中获益良多，例如该如何客观面对、冷静判断自己和周遭的环境，这些收获也被我运用到了设计工作之中。人的力量终究不敌大自然，所以不如就让自己的身体顺势而为，从中找寻自己力所能及的事物。如果缺乏体力，别说是冲浪，甚至连简单的出海都不要去想，无论脑海中怎么盘算，也会无从着力。设计本来就应该是身体在无意间自然反应的结果。为了设计而设计时，就不再是设计了。冲浪非常单纯，这是我乐此不疲的原因。浪涛总是毫无征兆地出现在我们眼前，不像道路那样能够事先预见。

在熟练之后，你才会逐渐了解浪涛出没的方式。即使如此仍然会出现超乎想象的惊涛骇浪。这时，如果无法冷静判断自己的处境和体力，就会身陷险境。这些情形恰恰暗合了设计和身体的关系，可是设计师似乎容易遗忘自己的身体，让位给大脑思考的身体，与自己的身体处于分离的状态。经常自问的态度是非常重要的，其实这些道理也都是说给自己听的。为了这张图像（次页），我和摄影师藤井保等人决定前往我最喜爱的地方——夏威夷考爱岛北边的哈纳雷。拍摄当天海浪并不大，在中央前方高举双手，正在乘浪而行的就是我。翌日，哈纳雷的海浪露出了狰狞的面目，“张牙舞爪”的海浪约有4层楼高，全程同行的、传说中的冲浪高手泰达斯则迎向了这波巨大的浪潮。当然，我是有自知之明的，所以并未逞一时之勇冲入浪中。

鲸鱼在喷水

这是在我做更新提案之前的“凉薄荷”口香糖的设计。常年连续销售的产品必定会留有设计的财富。更新设计时的课题就在于如何保留既有的财富。我承接委托之后重新观察了既有的设计，有很多值得保留的部分，例如企鹅、弦月般的 C、两个重叠的 O、蓝色的背景色、黄色的文字等，还有绝对有必要保留的公司名称、口香糖标志等，这些设计几乎无法改变。我思考了各种方案和排列方式，总是无法让设计达到满意的效果。

我突然觉得可以换个角度思考，商品在店里是以什么方式呈现的呢？我这才注意到商品在店内同时能够被看到两个侧面。于是，我将文字和图案两项要素分别配置到两个侧面。在放图案的面上排列企鹅之后，发现并列5只企鹅的间隔最为合适。这就是在一个面上安排5只企鹅作为“凉薄荷”新面孔方案的缘由。这个方案基本上可行。可是我并未就此罢手，再次仔细观察包装，企鹅伫立的南极夜空，星星闪闪发亮的后方还有一只鲸鱼。咦？鲸鱼正在喷水呢！而且，喷出的水柱向右流动，途中一分为二。发现这个现象时，我肯定日本国内一定也存在着知情的人。这是持续销售35年以上的商品，所以必定有长期食用这款口香糖的人。我希望通过更新设计，回报给知道“鲸鱼喷出的水柱向右流动，一分为二”的人，我认为这是此次更新设计的使命。

于是，我让从前方数第二只企鹅举起手来。这件事情从未在任何广告当中提及。注意到的人必定想要告

LOTTE®
COOLMINT
CHEWING GUM

LOTTE
COOL MINT
A LIGHT AND MILD SWEETNESS COUPLED WITH LASTING FLAVOR AND COMFORTABLE CHEWINESS. ENJOY THE DELIGHT ONLY POSSIBLE FROM LOTTE.
9 GUM STICKS
LOTTE
9 GUM STICKS

诉身边的人。这是联系人和人之间的设计，不是为了销售的设计。沟通是什么？沟通是预见设计下一步进展的瞬间。当我让从前方数第二只企鹅举起手来之后，5只企鹅竟然看起来像是人类了。

企鹅拟人化之后的形象实在耐人寻味。我想着想着，觉得领头前行的企鹅是社长，最后面的是一般员工。这家公司当中，谁最辛苦呢？我想应该是从前方数的第二个人。社长指示他“命令后面的走快点儿”，后面的则控诉“走得太快，跟不上了”。从前方数的第二个人，常处于遭受前后夹击的两难立场。这时，前后为难的第二个人鼓起勇气，向社长反映，“你走得太快了，后面的跟不上”。我向乐天如此说明这项设计。换言之，在设计更新之际退隐的鲸鱼，让继承“凉薄荷”的企鹅举起手来。物品虽然不变，然而每个人从物品上获得的信息是不同的。有人深入研究，有人则淡漠视之。如何应对这两种人成为这项委托案的重点。相同的物品随着人的不同，看法也随之不同。这个理所当然的道理常常被遗忘。仔细观察人和物品之间的关系，才会看到一些真正需要保留的事物。这些往往都是非常细微之处，如果不专心、不注意的话就会立刻消逝。这些都是和他人商量也无以传达的事物。这项更新设计或许就像是一个以细网打捞的过程。

后记

2004 年，为银座平面设计画廊展览会所写下的文章，催生了本书。当时，我首次尝试将自己曾经参与的工作写成文章。说实在的，这是一项十分冒险的行为。我担心自己无法下笔成文，毕竟自己最不擅长的就是写作。然而，我经常告诫自己，擅长的领域无须加强，放任发展即可；不擅长的领域则必须勤加锻炼，看来自己必须言出必行了。提笔开始写作之后，像是展开一场马拉松比赛，每天一字一行地爬着格子。我平常从事的设计工作，几乎和写作无缘。自己像是在一条不熟悉的道路上，只能凭着一股冲劲儿不断向前奔跑。因为陌生和不熟悉，所以我常常才前进几步就已经筋疲力尽。然而当最后结束时，成果却令我神清气爽。我自知文笔不佳，大概也无药可救，可是却很开心能够借着这次出版体验自己不擅长的事物。

书是白纸黑字，会永远留存，这本自曝其短的著作将永远跟随着我。不过，自己招认糗事，心情反而更为轻松，这正是我心情的写照。

在谈及过去的工作时，我发现很容易有粉饰太平的倾向，所以尽量提醒自己切勿犯此毛病。然而在实际执行时，总是事与愿违，许多事情写得左弯右拐，前后顺序颠倒，零零散散，还请各位原谅我力有未逮。

本书得以出版，要感谢所有支持过我的人，为我引荐工作的人、参与本书制作的人，感谢大家的协助和支持，真的非常感谢各位。

佐藤卓

相关人员名录

（※包含项目制作时参与的公司名称）

CD（Creative Director）	创意总监
AD（Art Director）	艺术总监
A（Artist）	艺术家
AC（Architect）	建筑师
AN（Animator）	动画师
AW（Art Work）	艺术作品
C（Copy Writer）	文案
CG（Computer Graphic）	电脑制图
CP（Cooperation）	协作
D（Designer）	设计师
DIR（Director）	总监
ECD（Executive Creative Director）	执行创意总监
EPR（Executive Producer）	监制
I（Illustrator）	插画师
P（Photographer）	摄影师
PL（Planer）	企划
PP（Product Planner）	产品企划
PR（Producer）	制造商
PRD（Project Director）	工程负责人
TC（Technical Cooperation）	技术合作
TG（Typographer）	排印
ST（Stylist）	造型师
SV（Supervisor）	监管
W（Writer）	作者
CL（Client）	客户
ORG（Organizer）	组织者

001页　**一甲纯麦芽威士忌（1984年）**

CD：数马宏喜　AD：佐藤卓　D：佐藤卓
C：细金正隆　P：辻谷宏　CL：一甲威士忌株式会社

004页　**一甲桶酿威士忌（1985年）**

CD：数马宏喜　AD：佐藤卓　D：佐藤卓
C：细金正隆　P：和田惠　CL：一甲威士忌株式会社

008页　**蜜丝佛陀 fec.系列化妆品（1986年）**

D：佐藤卓　P：中岛敏夫　CL：蜜丝佛陀株式会社

012页　**一甲玉米、黑麦威士忌（1987年）**

CD：数马宏喜　AD：佐藤卓　D：佐藤卓

P：辻谷宏　　CL：一甲威士忌株式会社

016页　**蜜丝佛陀薄荷系列化妆品（1987年）**
D：佐藤卓　　P：辻谷宏　　CL：蜜丝佛陀株式会社

020页　**湖池屋咔辣姆久薯片（1989年）**
AD：佐藤卓　　D：佐藤卓　　P：辻谷宏
CL：株式会社湖池屋

024页　**会津清川有机农法纯米酒（1989年）**
CD：真壁智治　　AD：佐藤卓　　D：佐藤卓
P：辻谷宏　　CL：清川商店

028页　**日东超市茶包（1989年）**
CD：渡边正久　　AD：佐藤卓　　D：佐藤卓
P：和田惠　　CL：三井农林株式会社

032页　**佳丽宝口红ROUGE'90（1990年）**
D：佐藤卓　　P：中岛敏夫（株式会社hue）
CL：钟纺株式会社

036页　**美宝莲彩妆（1990年）**
D：佐藤卓　　P：中岛敏夫（株式会社hue）
P：辻谷宏　　CL：美宝莲株式会社

040页　**佐藤卓设计事务所的海报（1991年）**
AD：佐藤卓　　D：佐藤卓　　CL：佐藤卓设计事务所

044页　**《内景》杂志海报（1991年）**
AD：佐藤卓　　D：佐藤卓　　CG：藤幡正树
P：本田晋一（有限会社RAYZE）
CL：大都会出版社

048页　**卡乐比玉米片（1991年）**
AD：佐藤卓　　D：佐藤卓　古贺友规　天野和俊　柴村毅彦
山田洋平　鸟居紫乃　牧村玲　山田诚也　峰岸卓广
I：小冷SHINOBU　　P：sizzle摄影／关口尚志　西松克洋　蓑田圭介
包装摄影／辻谷宏　　CL：卡乐比株式会社

052页　**可尔必思乳酸饮料（1993年）**
CD：中村卓司　　AD：佐藤卓　　D：佐藤卓
P：辻谷宏　中岛敏夫（株式会社hue）
CL：可尔必思食品工业株式会社

056页　**宝酒造的委托案（1992年）**
PR：万匠宪次　　D：佐藤卓　　P：中岛敏夫（株式会社hue）
CL：宝酒造株式会社

060页　**宝酒造回收酒瓶（1993年）**
D：佐藤卓　P：辻谷宏　CL：宝酒造株式会社

064页　**福乐冰激凌（1992年）**
AD：佐藤卓　D：佐藤卓　P：sizzle摄影／和田惠
包装摄影／辻谷宏　CL：FOREMOST BLUE SEAL株式会社

068页　**BANCO绘图工具（1989年）**
AD：佐藤卓　D：佐藤卓　P：辻谷宏
CL：VANCO株式会社

072页　**高丝蔻丝魅宝系列化妆品（1993年）**
AD：佐藤卓　D：佐藤卓　古贺友规　加贺田恭子
西山哲雄　大石一志　日下部昌子　CD：山田博子
P：辻谷宏　CL：高丝株式会社

076页　**大正制药ZENA营养饮料（1992年）**
CD：佐藤稔　AD：佐藤卓　D：佐藤卓　大石一志
P：保泽克行　CL：大正制药株式会社

080页　**富士银行收银盘（1993年）**
D：佐藤卓　P：辻谷宏　CL：富士银行

084页　**重建（1993年）**
AD：佐藤卓　D：佐藤卓　P：和田惠
CL：佐藤卓设计事务所

088页　**阿拉斯加乐团（1997年）**
AD：佐藤卓　D：佐藤卓　I：河村要助
P：辻谷宏　CL：Bad News Records

092页　**食品的包装（1986年）**
AD：佐藤卓　D：佐藤卓　大石一志（J-Regain，MJ-Regain，AGF AROMA in）　鸟居紫乃（120菜）
P：sizzle摄影／关口尚志　包装摄影／辻谷宏

096页　**乐天“凉薄荷”系列口香糖（1994年）**
CD：木金时彦　小幡义晴　AD：佐藤卓
D：佐藤卓　加贺田恭子　鸟居紫乃　PL：冈田行男
P：P110、116、117／中岛敏夫（株式会社hue）　P114、115／保泽克行
CL：株式会社乐天

104页　**东洋水产的委托案（1994年）**
AD：佐藤卓　D：佐藤卓　古贺友规　天野和俊
大石一志　柴村毅彦　山田洋平　PL：佐藤雅彦　西桥祐三
P：sizzle摄影／大手仁志　包装摄影／辻谷宏
CL：东洋水产株式会社

108页 **铂傲海报 BANG & OLUFSEN（1995年）**
AD：佐藤卓　D：佐藤卓　P：藤井保
CL：日本Marantz株式会社

112页 **圣保罗美术馆展览会海报（1995年）**
AD：佐藤卓　D：佐藤卓　P：保泽克行
CL：Close Up of Japan in Sao Paulo 1995

116页 **和纸堂《和纸文化辞典》（1995年）**
AD：佐藤卓　D：佐藤卓　加贺田恭子
P：辻谷宏　CL：株式会社和纸堂

120页 **保鲜盒（1996年）**
PR：藤本孝　PL：矶贝典子　七尾裕子
D：佐藤卓　TC：田中坚四郎　P：中岛敏夫（株式会社hue）
CL：日本保鲜盒株式会社

124页 **林原生物化学研究所（1991年）**
AD：佐藤卓　D：佐藤卓　P：辻谷宏
CL：株式会社林原生物化学研究所

128页 **作品集的委托案（1991年）**
《禁忌之果》（*Forbidden Fruits*）藤幡正树作品集
AD：佐藤卓　D：佐藤卓　CL：株式会社Frogs

《Tony Cragg展览图录》
AD：佐藤卓　D：佐藤卓　大石一志
CL：丰田市美术馆

《感应》真壁智治作品集
AD：佐藤卓　D：佐藤卓　大石一志
CL：株式会社用美社

《纸与漆》喜多俊之作品集
AD：佐藤卓　D：佐藤卓　大石一志
CL：株式会社六耀社

《钢铁的变装：金泽健一的作品》
AD：佐藤卓　D：佐藤卓　大石一志
TG：立花文穗　CL：川崎市冈本太郎美术馆

132页 **乐天木糖醇口香糖（1997年）**
AD：佐藤卓　D：佐藤卓　加贺田恭子　鸟居紫乃
P：P147／中岛敏夫（株式会社hue）　P149／大久保步　P151／辻谷宏
CL：株式会社乐天

138页　**千鸟屋的委托案（1997年）**
CD：田中彻　AD：佐藤卓　D：佐藤卓　加贺田恭子
天野和俊　日下部昌子　P：中岛敏夫（株式会社hue）
CL：千鸟屋

142页　**大王制纸怡丽卫生巾（1997年）**
AD：佐藤卓　D：佐藤卓　古贺友规　天野和俊　鸟居紫乃
日下部昌子　I：远藤俊次　胁庄次
P：辻谷宏　CL：大王制纸株式会社

146页　**卫材嘉龄霜（1999年）**
AD：佐藤卓　D：佐藤卓　大石一志
P：辻谷宏　CL：Eisai株式会社

150页　**封存设计（1998年）**
AD：佐藤卓　D：佐藤卓　P：和田惠
CL：佐藤卓设计事务所

154页　**轩尼诗NA-GEANNA（1998年）**
AD：佐藤卓　D：佐藤卓　天野和俊
P：中岛敏夫（株式会社hue）
CL：Jardine Wines and Spirts株式会社

158页　**轩尼诗CLASSIQUE（1999年）**
AD：佐藤卓　D：佐藤卓　天野和俊
P：辻谷宏　CL：Jardine Wines and Spirts株式会社

162页　**菲婷资生堂的委托案（1994年）**
AD：佐藤卓　D：佐藤卓　天野和俊　大石一志　鸟居紫乃
CD：川穰　竹内祥记　钟尾隆　P：辻谷宏
CL：株式会社资生堂　株式会社FT资生堂

166页　**冲浪主题海报（1999年）**
AD：佐藤卓　D：佐藤卓　AW：佐藤卓
CL：MANA SCREEN株式会社

170页　**OKESA制果“柿之舞”甜品（1999年）**
AD：佐藤卓　D：佐藤卓　大石一志
P：辻谷宏　CL：OKESA制果　社团法人日本平面设计师协会

174页　**志贺昆虫（1999年）**
AD：佐藤卓　D：佐藤卓　高桥晋
I：深津真也　CL：株式会社志贺昆虫普及社

178页　**P.G.C.D.化妆品（2000年）**
AD：佐藤卓　D：佐藤卓　鸟居紫乃
P：中岛敏夫（株式会社hue）　CL：株式会社P.G.C.D.

182页　**RMK肌肤保养系列（2000年）**
PL：佐藤卓　D：佐藤卓　鸟居紫乃
P：中岛敏夫（株式会社hue）　CL：株式会社e'quipe

186页　**东京艺术指导俱乐部大展2000（2000年）**
AD：佐藤卓　D：佐藤卓　鸟居紫乃　大石一志　柴村毅彦
P：操上和美　ST：冈村雅人　PP：山本秀夫（ADC机器设计）
CL：东京艺术指导俱乐部

194页　**《日经设计》杂志设计（1999年）**
AD：佐藤卓　D：佐藤卓　P：辻谷宏
CL：日经BP社

198页　**蓝色音符adding:blue酒吧餐厅（2001年）**
AD：佐藤卓　D：佐藤卓　田川KAYO
P：中岛敏夫（株式会社hue）　CL：株式会社BLUE NOTE JAPAN

202页　**BS朝日电视台标志（2000年）**
CD：米村浩　AD：佐藤卓　D：佐藤卓　大石一志
CL：株式会社BS朝日

206页　**明治乳业的委托案（2001年）**
AD：佐藤卓　D：佐藤卓　鸟居紫乃
P：sizzle摄影／大手仁志　包装摄影／辻谷宏
CL：明治乳业株式会社

210页　**“设计的解剖”展（2001年）**
AD：佐藤卓　PL：佐藤卓　D：佐藤卓　鸟居紫乃
（A-POC／日下部昌子）　P：大久保步
W：佐藤卓　池田美奈子　原田环　中山真里
ORG：日本设计协会　美术出版社　株式会社三宅设计事务所

218页　**狮王香皂（2002年）**
PL：系井重里　CD：津田省二　AD：佐藤卓
D：佐藤卓　鸟居紫乃　P：中岛敏夫（株式会社hue）
CL：狮王株式会社

222页　**大塚食品的委托案（2002年）**
AD：佐藤卓　D：佐藤卓　大石一志
C：宇野英资　P：辻谷宏　CL：大塚食品株式会社

226页　**远东眼镜（2003年）**
D：佐藤卓　P：辻谷宏　CL：远东眼镜株式会社

230页　**许愿的☆☆☆☆☆☆金平糖果盒（2003年）**
PL：系井重里　AD：佐藤卓　D：佐藤卓
P：辻谷宏　CL：迪士尼（日本）株式会社

234页　**孟买蓝宝石金酒展示架（1992年）**
D：佐藤卓　P：中岛敏夫（株式会社hue）
CL：ES Japan株式会社

238页　**高田汽车安全装置视觉识别设计（2003年）**
ECD：约翰·杰（John Jay）　佐藤澄子　AD：佐藤卓
D：佐藤卓　大石一志　CL：高田株式会社

242页　**明治制果“身体导航”系列保健品（2003年）**
AD：佐藤卓　D：佐藤卓　鸟居紫乃
I：大沼透　P：辻谷宏　CL：明治制果株式会社

246页　**±0家用产品设计、品牌形象（2003年）**
PD：深泽直人　AD：佐藤卓　D：佐藤卓　大石一志
P：辻谷宏　CL：株式会社TAKARA

252页　**宝酒造碳酸饮料（2003年）**
AD：佐藤卓　D：佐藤卓　大石一志
I：大沼透　P：辻谷宏　CL：宝酒造株式会社

256页　**神户可乐饼（2003年）**
AD：佐藤卓　D：佐藤卓　日下部昌子
P：辻谷宏　CL：株式会社ROCK FIELD

260页　**NHK教育台“日语游戏”节目策划（2003年）**
PL：NHK　斋藤孝　佐藤卓　EPR：中村哲志
PR：坂上浩子　PRD：古川均　久保NAOMI　尾关泉　冈村新　菊池纪广
园田央毅　海保正志　有久美津枝　DIR：中嶋尚江
AD：佐藤卓　A：HIBINO KOTSUE（服装道具）
I：仲条正义（和歌纸牌画）　D：鸟居紫乃（文字设计）
AN：KIRA KEIZOU（3D）　游佐KAZUSHIGE
SV：斋藤孝　CL：日本放送协会

266页　**金泽21世纪美术馆标志（2004年）**
AD：佐藤卓　D：佐藤卓　大石一志
CL：金泽21世纪美术馆

270页　**理发店标志设计（1996年）**
AD：佐藤卓　D：佐藤卓　C：佐藤卓
P：广川泰士　CL：佐藤卓设计事务所

276页　**埋木展览设计（2004年）**
AD：佐藤卓　D：佐藤卓　P：海报／藤井保
会场／浅川敏　CL：佐藤卓设计事务所

280页　**三宅一生设计文化基金会视觉识别设计（2004年）**
AD：佐藤卓　D：佐藤卓　日下部昌子
CL：三宅一生设计文化基金会

284页　**“三宅褶皱”的杂志广告（2005年）**
AD：佐藤卓　D：佐藤卓　大石一志
P：吉永恭章　CL：株式会社三宅一生

288页　**首都大学东京视觉识别设计（2005年）**
AD：佐藤卓　D：佐藤卓　大石一志
CL：首都大学东京

292页　**日本电报电话公司都科摩P701iD手机设计研发（2005年）**
AD：佐藤卓　石川善都（松下设计社）
D：佐藤卓　大石一志　常别当毅（松下设计社）　大坪一道（松下设计社）
冈本桂子（松下设计社）　P：藤田亮　加贺见博明
CL：株式会社NTT DoCoMo

298页　**北连农业协同组合联合会“八十九”（2005年）**
AD：佐藤卓　D：曾根友星　P：辻谷宏
CL：北连农业协同组合联合会

302页　**S&B食品“草药香料”系列（2006年）**
CD：佐藤卓　AD：佐藤卓　C：鹈久森彻
D：佐藤卓　日下部昌子
P：P317、318／辻谷宏　P319／M.HASUI
A：渡边淳（闪酷艺术CINQ ART）　CG：樱井素直
CL：S&B食品株式会社

306页　**北海道大学视觉识别设计（2006年）**
AD：佐藤卓　D：佐藤卓　曾根友星
CL：北海道大学

310页　**商标（1991—2006年）**
AD：佐藤卓　D：佐藤卓　大石一志　鸟居紫乃　日下部昌子
曾根友星　加贺田恭子　天野和俊　柴村毅彦　山田洋平

314页　**冲浪**
AD：佐藤卓　D：佐藤卓　P：藤井保
CL：佐藤卓设计事务所

佐藤卓（TAKU SATOH）

1955 年生于东京，1979 年东京艺术大学设计专业毕业，1981 年完成东京艺术大学研究所课程的学习。曾任职于电通株式会社，1984 年成立佐藤卓设计事务所。他是日本中生代最具分量的设计师之一，从企业形象到产品设计，积累了为数甚多的、涉足多个设计领域的优秀作品。他的设计生涯是从“一甲纯麦芽威士忌”的商品开发起步，接连设计“乐天薄荷口香糖系列”“乐天木糖醇口香糖”“明治好喝牛奶”“都科摩手机”等商品，并且为金泽 21 世纪美术馆、三宅一生设计文化基金会等机构进行视觉识别设计，担任 NHK 电视台“日语游戏”的企划和艺术总监，此外，还参与过以设计观点解剖量产品的“设计的解剖”活动等。

受深泽直人之邀，佐藤卓为其自创品牌“±0”操刀视觉形象设计，从名片、包装、网站、型录到展示空间的平面设计。2007 年开幕、吸引全球目光的 21_21 Design Sight 展览馆，是建筑大师安藤忠雄运用三宅一生“一块布”的概念设计而成的，而墙面上那块标示着白色“21_21”字样、如门牌般的水蓝色铁板则是出自佐藤之手，成为整栋建筑的焦点。

佐藤卓可以说是当今日本最受业界推崇的设计大师之一，他曾举办过的作品展有:“新装饰主义”展（Neo Ornamentalism，AXIS 画廊，1990）、“设计的解剖”展（松屋设计画廊，2001）、“潜藏在都市的 LUMEN”展（巷房画廊，2002）、“设计的原形”展策划参展（松屋银座 8 层展场，2002）、“无形的设计，佐藤卓”展（INVISIBLE DESIGNER，多伦多日本文化中心，2002）、“ANATOMIA DO DESIGN a obra de Taku Satoh”展（圣保罗日本文化中心，2002）、“纸的化石”展（HB 画廊，2004），以及 2006 年在水户艺术馆展出、以设计的观点探究日常样貌的“日常设计”展。2012 年 4 月，他与深泽直人策划了“东北的食和住”展，此展览是 2011 年 7 月为了东日本大地震特别策划召开的“东北的潜力，心与光，‘衣’，三宅一生”展的接续展。在展览中，佐藤卓与深泽直人将观点聚焦于东北的“食和住”。

佐藤卓获奖无数，主要有：每日设计奖、东京ADC奖、JAGDA新人奖、东京TDC奖、纽约ADC奖、日本包装设计大赏金奖、日本G-MARK大奖、设计论坛金奖、原弘奖等。设计之余另著有《设计的解剖》系列（デザインの解剖，2001—2003）、《设计的原形》（デザインの原形，2004）、《设计师与道具》（デザイナーと道具，2006）、《设计时重要的事》（クジラは潮を吹いていた，2006）等书。他同时也是东京ADC（东京艺术指导俱乐部）、东京TDC（东京字体指导俱乐部）、JAGDA（日本平面设计师协会）、日本设计协会、AGI（国际平面设计联盟）会员，并担任21_21 Design Sight展览馆董事。

图书在版编目（CIP）数据

设计时重要的事 /（日）佐藤卓著；蔡青雯译 . --
北京：中信出版社，2020.6 (2023.5 重印)
ISBN 978-7-5217-1683-2

Ⅰ . ①设… Ⅱ . ①佐… ②蔡… Ⅲ . ①产品设计—作
品集—日本—现代 Ⅳ . ① TB472

中国版本图书馆 CIP 数据核字 (2020) 第 040842 号

设计时重要的事

著　　者：[日]佐藤卓
译　　者：蔡青雯
出版发行：中信出版集团股份有限公司
（北京市朝阳区东三环北路 27 号嘉铭中心　邮编 100020）
承 印 者：鸿博昊天科技有限公司

开　　本：787mm × 1092mm　1/32　　印　　张：11　　字　　数：70千字
版　　次：2020年6月第1版　　印　　次：2023年5月第5次印刷
京权图字：01-2013-6400
书　　号：ISBN 978-7-5217-1683-2
定　　价：69.00元

服务热线：400-600-8099
投稿邮箱：author@citicpub.com